三十六計的智慧

的智慧

經典智慧　千古流傳
權威解讀　活學妙用
戰略專家　傾心之作

于汝波◎著

　　讀兵書，最忌兩個字，一是「歪」，二是「呆」。「歪」是對原文理解不正確，「呆」是對兵書運用不靈活。「歪」的對立面是「正」，「呆」的對立面是「活」。所以，讀兵書要防止出現「歪」、「呆」那兩個字，就要強調「正解活用」這一個詞。

　　「正解」就是正確理解原文。讀文言文寫成的兵書，首先遇到的問題是能否正確解讀原文。對原文解讀不正確，後面的事，就會跟著出問題。如果他只是讀者，因理解不正確可能只會誤了自己；但如果他讀後還要著書寫文章給大家看，比如注解原作詞義，論述其中思想，講說如何應用等，那就不只誤了自己，而且還會誤了讀者。

　　比如《三十六計》中的第一計「瞞天過海」，此計是特指根據「物極則反」的原理進行的一種「公開」的軍事欺騙。一般人都懂得，「天」極難「瞞」，「海」最難「過」。但正因為難，人們一般都認為不能欺騙和通過，反而恰恰可「瞞」可「過」。此計正文中說的「備周則意殆，常見則不疑」，「陰在陽之內，不在陽之對」，講的正是這一道理。但此計的「按語」作者就沒有弄懂這一點，將其與一般的軍事欺騙混同起來了，所以講解和舉例都偏離了此計的精義。

　　再如，該書的第三計「借刀殺人」，這裏的「借刀」是指借用第三者（「友」）的力量；這裏的「殺人」主要是指打擊、消滅群體的敵人，

而不只是打擊或殺死某個人的簡單行為。此計適用於戰略、戰役、戰術指揮等不同層次，而不僅僅指的是個體之間的仇殺爭鬥之術；更不僅僅指的是在「自己人」內部搞的爾虞我詐之謀，而講的是對敵鬥爭藝術。不明乎此，無論對此計是褒是貶，都屬無的放矢，都會對讀者產生誤導。

另如，「反間計」的「反間」一詞出自《孫子兵法·用間篇》，意思是指策反敵人的間諜，使其為我所用。與現在人們平常說的「反間計」含義不同，現代人說的「反間」，古人稱之為「離間」。《三十六計》正文論此計時，引用了《易·比》卦中的一句話：「比之自內，不自失也。」意思是說，對外人親密得像自己內部人一樣，就不會失掉他。這是揭示使敵間為我所用的哲學底蘊。此計的「按語」卻將「反間」解釋成了「離間」，把計的本文理解錯了，後面的講解自然也就「離譜」了。

所以，我們說，讀兵書，首先必須要正確解讀原文。

但讀兵書，只做到「正解」其原義還遠遠不夠。因為我們讀兵書的目的不是為了咬文嚼字、坐而論道，而是完全為了應用。這就要在對兵書的理解和應用上反對「呆」。因為「呆」本身就違背了兵書最根本的精神：知權達變。

需要說明的是，「正解」和「活用」是辯證統一的關係。從思辨的角度看，二者失去一方，另一方就失去了存在的條件和價值。對兵書「正解」的目的是為了「活用」，不是為了「活用」或不會「活用」，那「正解」就沒有了意義。而要「活用」，首先就必須做到「正解」。所謂「活用」，就是以「正解」為前提的，沒有「正解」，何來「活用」？從實踐的角度看，只有正確理解兵書本義，才可能在實踐中將其活用。這正如只有懂得何為「正」才可能懂得何為「奇」，只有懂得何為「常」才可能懂得何為「變」的道理一樣。如果沒有準確掌握兵書原文的本

義，根本就談不上靈活運用的問題，那叫亂打仗，打亂仗，結果只能是打敗仗。所以，要「活用」，首先必須要「正解」。但我們又同時強調，準確理解兵書原文本義，絕不是為了束縛人們的思想，恰恰是為了將其思想靈活地用於指導實踐，以達成預期的軍事和政治目的；我們強調正確理解本義，但又反對迷信本義，主張必須著眼現實，堅持與時俱進，在正確理解原義的基礎上創新，在靈活運用中發展。總之，「正解」與「活用」是相互為用、不可分割的，那種將二者對立起來的認識和做法是不可取的。

說完了「正解活用」，我們接著說《三十六計》。

現在的人們對《三十六計》褒貶不一。褒之者將其與《孫子兵法》相提並論，甚至還有人荒唐地說它就是孫武所作，是「孫武兵法八十二篇」中的一篇；貶之者則把此書說得一文不值，甚至把它作為反面教材進行批判。本人對這兩種看法都不贊同。

《三十六計》絕非孫武所作，也不是《漢書·藝文志》中著錄的《吳孫子兵法八十二篇》中的一篇。那種說法是缺乏歷史知識的人編造出來的謊言。他們向社會耍了一把不太高明的「三十六計」，對此，讀者切不可上當受騙。但《三十六計》的價值不會因此而被抬高，也不會因此而被降低。此書流傳如此廣泛，幾乎到了家喻戶曉的程度，在國外也影響甚廣，其程度不在《孫子兵法》之下，不是偶然的，這與此書的內容具有較高的學術價值及其獨有的為社會大眾所喜聞樂見的編撰形式、形象簡練的語言特點等是分不開的。

《三十六計》是一本在近代才流行於世的分類論述中國古代軍事謀略的兵書。該書在論述軍事謀略的類型、軍事謀略的哲學底蘊等方面，發展、深化、具體化了《孫子兵法》中的一些思想。特別是在如何進行軍事欺騙以及怎樣防止軍事欺騙方面，該書進行了深入的研討和闡發，其內容即使在現代高科技戰爭條件下仍有著重要的借鑒價值。

軍事欺騙是由戰爭的特殊規律決定的，非如此就不能取得戰爭的勝利。而打不贏戰爭，就如孫子所說是戰爭指揮者最大的「不仁」。古今中外，概莫能外。現代西方一些軍事強國都非常重視對軍事欺騙理論的研究和應用。如美國一九八二年出版了《戰略軍事欺騙》一書，英國一九九六年出版了《軍事欺騙的藝術》等，都是專門論述如何進行軍事欺騙的問題。英國的龐森比在《戰爭時期的謊言》一書中甚至公開宣稱：「在戰爭時期，不重視欺騙就是一種疏忽，懷疑謊言是反常，說明真相是犯法。」他們不但是這樣說的，而且也是這樣做的，這在波灣戰爭、伊拉克戰爭等戰爭中，人們已對之耳熟能詳。據墨西哥一家報紙稱，美國一直在進行關於「精確炸彈」的輿論欺騙。波灣戰爭中，美國五角大樓內部報告明確說，他們的戰斧式巡航導彈的命中率實際只有百分之五十，盟軍在伊拉克投下的八萬五千五百噸炸彈，有百分之七十沒有擊中目標。但美軍卻對外大肆宣傳說，這種導彈的命中率是百分之八十五。美國國會內部的一份研究報告說，B-2轟炸機的轟炸精度大約為百分之四十，而美國官員在波灣戰爭期間則公開宣稱，其精確度為百分之八十。美國的這種欺騙性宣傳，在許多國家產生了「暈論效應」，我國也有人在我們的媒體上為其作更誇大了的義務宣傳。美國的這種欺騙性宣傳，無疑會在人們心目中產生威懾作用，這是一種戰略性的軍事欺騙。而這種欺騙術的原理，人們在中國的《三十六計》中都不難找到。我們要提高現代戰爭的指揮藝術，防止被敵人欺騙，贏得戰爭的勝利，就必須研究軍事欺騙問題。而《三十六計》在這方面恰恰為我們提供了許多可資借鑒的寶貴思想。

還需要指出的是，該書不是就軍事謀略講軍事謀略，而是著力揭示軍事謀略的哲學底蘊及其內在規律，所以具有哲理性很強的特點。它以兵法演《易》理，以《易》理講兵法，使兵法和哲理融為一體，其編撰方法可謂獨具一格。而這恰恰是人們所最最需要的知識和能力。兵法的

三十六計的智慧
006

最高境界是哲學境界。不達此境界，就不算讀懂了兵法。《三十六計》正是這樣一本將讀者引向哲學境界的兵書。該書對術數、陰陽、常變、共分、損益、剛柔、實詐、動靜、擒縱、主客、癡癲、死生等軍事範疇進行了深入的探討，能給人很多的啟示。這些哲理不但可應用於戰法、戰術方面，而且也可應用於戰略層面；不僅過去的戰爭可以應用，而且現代高科技戰爭也可借鑒；不但軍事領域應該借鑒，而且非軍事領域也可以借鑒。

自宋代開始，中國的兵學著作出現了兩種發展傾向。一是龐雜型，兵書部頭大，內容雜，《武經總要》、《武備志》等皆屬此類。一是簡約型，兵書內容以精練為主要特色。明代有些兵書，如《兵經》、《兵壘（音壘）》等，即是如此。《三十六計》也具有這一特點。它用比所有兵書都要形象、簡練的語言，對軍事謀略作了分門別類、深入淺出、易記好用的論述。這也是該書能夠為中外讀者所喜愛因而得以廣泛流傳的一個重要原因。

關於《三十六計》的成書時間問題，目前尚難做出準確的判斷。《南齊書・王敬則傳》中有「檀公三十六策，走是上計」的話，「檀公」是指南北朝時宋朝名將檀道濟（？—四三六）。這說明，那時就很可能有一本名叫「三十六策」的兵書。但現在流傳的《三十六計》中的按語和跋肯定是宋以後的人寫的，其中有許多內容與《三十六計》正文不符，說明它們的作者不是同一人。至於此書正文與「檀公三十六策」有無關係，還須做進一步的考察。

本書的結構是以《三十六計》各計為篇，各篇均由「計文」、「今譯」、「解說」三部分組成。為了便於讀者在對照中理解《三十六計》的計文，本書在各計「解說」後附「原書『按』及『按語今譯』」。本書「解說」注意根據各計義理，從古今中外不同時期和地域，從戰爭戰略、戰役戰術等不同層次，從軍事和非軍事不同領域，從正反不同角

度，從理論和實踐不同方面縱談橫論，儘量講得知識性、趣味性、實用性強一些，「活」一些。其中尤其注意突出現代，突出戰略，突出軍事，突出正面，突出運用。

還需要說明的是，本書原名擬用《正解活用三十六計》（後因考慮叢書的體例才改為現名），「正解活用」只是作者一個努力追求的目標而已，並非說拙著就已經做到了這一點。如何正確理解、靈活運用《三十六計》，還有許多問題需要進一步探討，本書也肯定會存在一些錯誤和不足。作者只是希望，透過本書的出版，更有利於和有關專家、學者以及所有的讀者朋友們針對如何「正解活用《三十六計》」這個話題，不斷進行更深入的研討。

瑞士漢學家勝雅律（H.V.Senger）經多年研究《三十六計》而寫成的德文著作《智謀》一書出版後，在西方產生了轟動效應，時任德國總理的科爾親自給他寫信予以稱讚。後來此書被譯成法、義、荷、俄、中等多種文字在世界廣泛流布。他稱《三十六計》是「中國人開闢的智謀學」的代表作，其中「充滿著『知識可樂』。我這個西方人雖然只是品嘗了其中的點滴，但深感其味無窮，現在可以說是欲罷不能」。（詳見勝雅律著《智謀——平常和非常時刻的巧計·致中國讀者》，上海人民出版社一九九〇年出版）智謀沒有國界，也不分民族，中外的所有智者對智謀的心靈感知都是相通的。可以預見，《三十六計》必將借助於更多的中外文化溝通者之手，以其特有的魅力而風靡世界。

于汝波
二〇〇五年八月二十九日於北京西山苦心齋

目錄

三十六計的智慧

目錄

三十六計的智慧

總　說

計文

　　六六三十六，數中有術，術中有數。陰陽燮理，機在其中。機不可設，設則不中。

今譯

　　「六六三十六」，它蘊含著客觀規律和詭謀權術的辯證關係。客觀規律是詭謀權術的依據，詭謀權術中包含著必然的規律。陰陽和諧，相反相成，機謀即在其中。機謀不可根據人的主觀願望憑空設計，因為這樣不符合客觀規律，在實踐中必然招致失敗。

世界上最精短的總論

　　《三十六計》的「總說」是該書的總論，正文只有二十九個字。這麼短的總論，在我讀過的所有書籍中是沒有見過的。但這二十九個字蘊含豐富，思想深刻，既寫出了此書寫作的指導思想，又點明了全書的要旨。真正做到了言簡義賅！

　　那麼，這二十九個字都講了些什麼內容呢？它至少講了三層意思。

交代寫作此書的宗旨是著重揭示兵法與哲理的內在關係

　　「總說」正文開頭就講：「六六三十六。數中有術，術中有數。」要理解這句話，須從中國的元典《周易》中去找源頭。《周易》以「九」為太陽，「六」為太陰。這裏的「六」借指陰謀權術。作者認為，「六」可生「六」，故陰謀權術可以變化無窮。此書為三十六計，由六個「六」組成，每個「六」中又都可再去生發、變化，故稱「六六三十六」。這種生發和變化雖無窮無盡，但其基本原理卻都在「六六」這一簡易的「術數」之中。這就點出作者寫作此書的宗旨：以《易》理演兵法，以兵法說《易》理，或者說以哲理講兵法，以兵法明哲理，著重於揭示哲理與兵法的辯證關係，而不僅僅是講述兵法本身。其目的在於讓讀者透過學習兵法掌握軍事哲理，透過掌握軍事哲理而能對兵法舉一反三，將其靈活巧妙地運用於實踐之中，從而取得戰爭勝利。在這裏，《易》理是一般，兵法是特殊，它要求讀者善於由特殊推及一般，用一般指導特殊。此書各計都是採取先講兵法、後引《易》理的寫法，其用意就在於此。這是此書與其他兵書最明顯的不同之處，也是作者寫作此書最基本的指導思想，同時還是讀者讀懂此書必須首先掌握的鑰匙。

　　關於「數中有術，術中有數」，各家解釋不一。此句承上句而來，這裏的「數」應是指「六六三十六」這個「數」。而這個「數」，如上所

言，乃指的是《易》理，指的是兵法的哲學底蘊，指的是客觀規律；這裏的「術」則指的是方法、策略。總之，這裏的「術」「數」和陰陽家所說的「術數」意思不同。《漢書・晁錯傳》說：「人主所以尊顯，功名揚於萬世之後者，以知術數也。」這裏的「術數」即是指策略和規律。又唐劉禹錫《天論》中說：「夫物之合併，必有數存乎其間焉。」這裏的「數」也是指客觀規律。所以「數中有術，術中有數」的意思應是：客觀規律是制定計策謀略的依據，計策謀略是對客觀規律的巧妙運用。二者相較，客觀規律是第一位，計策謀略是第二位的。人們只有在認識和掌握了客觀規律之後，才可以制定出高明的謀略並能應變無窮。這一認識無疑是正確的。

唐朝名將李靖說，他傳授兵法有一個基本原則，就是教正不教奇。這是因為，奇之所以為奇，是由於它出於常規、常法之外。不知何為常規，就不知何為非常規；不知何為常法，就不知何為變法；不知何為正，就不知何為奇。因此，若要善於出奇制勝，首先就必須知曉一般規律，掌握常規之法。人們認識了一般規律，掌握了常規之法，才會在實踐中靈活運用變法，做到奇謀迭出而皆能合於規矩。《管子》中多次講到「無方」之勝，所謂「無方」，就是沒有固定的作戰模式，思維多變，行動難測，敢於反

唐代開國功臣李靖像

兵法之常，創兵法所無，達到出敵不意、以奇制勝之目的。這種「無方」不是雜亂無章，乃是「有方」的昇華。它雖屬於更高的層次，但畢

竟又是以「有方」為基礎的。不懂「有方」之謀，所謂「無方」之勝只是一句空談。

人們在學習兵法時最容易犯的毛病就是重「術」輕「數」，即重視對某些方法的掌握和模仿，而輕視對客觀規律的認識和運用，難免只知其然，不知其所以然，因而缺乏應變能力，犯生搬硬套、東施效顰式的錯誤。漢將韓信運用《孫子兵法》「置之死地而後生」的原理，背水為陣，最大限度地調動了部屬的積極性，加之使用奇兵襲敵營寨之計，故能取得勝利。《三國演義》中寫蜀將馬謖生搬硬套此法，致有街亭之失，遭到慘敗，其意亦在說明，施計用謀不能生搬硬套，只知「術」而不知「數」。李靖說：「凡事有形同而勢異者，亦有勢同而形別者」，情勢千差萬別，戰場千變萬化，現成的方法是套用不得的；只有熟諳規律，察清本質，才能應變有方，措置裕如。古人曰：「汝果欲學詩，功夫在詩外。」同樣，我們也可以說，汝果欲學「術」，功夫在「術」外。這個「外」就是「數」，即要把功夫下在對客觀規律的認識和掌握上。

指出人們必須掌握的一個最重要的規律是
「陰陽燮理，機在其中」

《三十六計》的作者認為，在需要將帥掌握的諸多的「數」中，最重要的、能夠知一度萬的，就是「陰陽燮理」，所有的機竅都在這一原理之中。「陰陽」是中國古代哲學中最重要的一個哲學範疇。古人認為，世界上的一切現象都有正反兩個方面，它們既互相對立，又互相統一，從而推動事物的不斷發展變化。古人於是應用「陰陽」來解釋宇宙間所有事物互相對立統一和互相維繫消長的現象。這一概念後來逐步演變為相反相成、對立統一原理的代名詞。這裏所說的「陰陽燮理」，就是對立的事物和諧統一。縱覽中國古代兵書，可以看到有大量的對偶性

範疇，如死生、攻守、迂直、久速、專分、奇正、虛實、常變、剛柔、仁詭、遲速、動靜、患利、屈伸、圍闕、賞罰、文武、高下、遠近等。中國古代的兵學家們大都是以這些範疇為基礎來論述他們的軍事思想的。這些範疇以不同的形式聯繫起來，從而構成了中國古代特有的軍事思想體系。對偶性軍事範疇都具有相反相成、對立統一的特點，都在「陰陽」這一範疇涵蓋之中。因此，《三十六計》的作者認為，只要做到「陰陽燮理」，掌握了對立統一變化的奧秘，也就掌握了用「術」的機竅。「機」在「陰陽燮理」之中這一觀點，是對中國古代軍事謀略思想的哲學概括，具有較高的理論價值。

強調人不可違背客觀規律自行設「機」

這就是「總說」中的最後一句話：「機不可設，設則不中。」需要注意的是，這句話並不是說計劃策略不能預先設計，預先設計就必會失敗。如果這樣理解，就完全錯了。《孫子兵法》主張未戰先要進行「廟算」，即進行戰略比較、戰略預測和戰略決策，做到「先勝而後求戰」，此乃千古不易之真理。岳飛堅持謀定而後戰，戚繼光主張打「算定戰」，反對打「糊塗仗」、「莽撞仗」等，這些都說明打仗要計必先定的道理。相反，預先缺乏正確的謀劃，如孫子所批評的，「先戰而後求勝」，那才是注定要失敗的。這裏的「機」是指樞機、關鍵、機竅，它是客觀的，是不以人的意志為轉移的，人們只能應機、乘機，而不能按自己的主觀願望「設」機、「造」機。不從實際出發，憑一廂情願設想客觀時機，並依此設計定謀，必會違背客觀規律，因而遭到失敗。如北宋前期的皇帝要求將帥外出作戰必須按照他們預先制定的計劃、陣圖行事，不允許將帥根據戰場形勢實施靈活指揮，這種做法正如中國古代兵書《將苑・假權》所說，乃是「束猿猱（音撓）之手而責之以騰捷，膠離婁之目而使之辨青黃」。作者反對的只是這種主觀唯心主義的做法，

絕不是否定從實際出發的謀定後戰。但有了作戰計劃後，還不能墨守成規，而必須善於隨機應變。這才是這句話的全部含義。

「總說」中所包含的從特殊推及一般、用一般指導特殊的思想方法；「數」「術」相有，重視認識和掌握客觀規律的觀點；運用對立統一原理應機而動的主張等，不但適用於軍事，而且由於它具有一般的哲學意義，所以，非軍事領域也可借鑒。比如，領導者指導工作，要善於將一般和特殊結合起來；無論從事什麼職業，做什麼事情，都要既重「術」，更重「數」，即重視對客觀規律的認識和掌握，而不是生搬硬套別人的某些現成的做法；善於利用相反相成、對立統一的原理指導工作和自己的行動，大到國家政策的制定，小到人際關係的處理，都有「陰陽變理，機在其中」的問題，都可以從中得到借鑒。比如，目前中國經濟體制正在由計劃經濟向市場經濟轉型。後者與前者相比，具有優化資源配置，調動企業積極性，促進國家、地區間的經濟聯繫，活絡經濟，提高效益等優點。但自由放任的市場經濟又具有調節滯後、發展盲目的缺點，因而會出現分配不公、貧富不均、導致壟斷、人們不關心公共設施等弊端。所以，政府必須進行宏觀調控。宏觀調控與市場調節是相反相成、對立統一的，二者缺一不可。這裏就有「陰陽變理，機在其中」的問題。二者關係處理得好，就「陰陽」和順，經濟發展；否則，就可能顧此失彼，出現新的弊端。

【按】解語重數不重理。蓋理，術語自明；而數，則在言外。若徒知術之為術，而不知術中有數，則術多不應。且詭謀權術，原在事理之中，人情之內。倘事出不經，則詭異立見，詑世惑俗，而機謀洩矣。或曰：三十六計中，每六計成為一套。第一套為勝戰計，第二套為敵戰計，第三套為攻戰計，第四套為混戰計，第五套為併戰計，第六套為敗戰計。

【按語今譯】我們為此書所作的解語著重於揭示設計用謀的規律和原理，而不在講述一般的事理。因為一般的事理，人們透過有關權術的用語即可弄明白，而規律卻往往存在於這些話語之外。如果人們只知道詭謀權術就是詭謀權術，而不知道詭謀權術中所包含的一般規律，那麼，他所制定的謀略大都不能成功。何況詭謀權術原本就是在事理之中、人情之內，如果謀劃違背了事理人情，就會立即表現出它的詭詐和異常性，引起人們的驚訝和疑惑，這樣，計謀也就洩露了。有人說：這三十六計中，每六計成為一套。第一套是勝戰計，第二套是敵戰計，第三套是攻戰計，第四套是混戰計，第五套是併戰計，第六套是敗戰計。

第一套
勝戰計

第一計
瞞天過海

計文

　　備周則意殆，常見則不疑。陰在陽之內，不在陽之對。太陽，太陰。

今譯

　　在防備周密時，防備者就可能自恃無懈可擊而產生懈怠情緒；人們對看慣了的現象，往往就不再對它產生懷疑。所以，隱秘的事情常常以公開的形式為掩護，而不與公開的形式絕然對立。這就是《易》中講的太陽與太陰雖為兩個極端卻相反相成的道理。

「瞞天過海」是運用物極必反原理進行 「公開」的軍事欺騙

莫被「瞞天過海」給「瞞」「過」了

有人說，「瞞天過海」這個成語出自《永樂大典》收錄的《薛仁貴征遼事略》。其中說，唐太宗東征高麗，到了海邊，看到海水無邊，擔心大軍難以渡過，就產生了退兵之意。隨軍東征的薛仁貴向總管張士貴獻計，將唐太宗騙到一個四周掛有帷帳、布置富麗堂皇的「大房子」裏飲酒。太宗正在飲用之際，忽然聽到外面波濤雷動，桌上杯盞傾倒，心生疑問，令人拉開帷帳，才發現外面已是汪洋一片，自己乘坐的是一艘巨艦，正乘風破浪前進，就問是怎麼回事兒。張士貴回答：「這是臣使的過海之計，陛下與三十萬大軍正飄搖過海，現在已經到了大海東岸了。」所以，這裏的「瞞天」就是「瞞」李世民這個「天子」；「過海」就是「過」到遼東去的那個「海」。「瞞天過海」這個成語是否從這裏來的，還可做些考究；但《薛仁貴征遼事略》是一本評書體小說，所記「瞞天過海」的內容卻不是真的。讀者讀「瞞天過海」之計，可不要先被這種說法給「瞞」「過」了。

唐太宗征遼東是水、陸並進，他走的是陸路，而不是水路。陸路總指揮為遼東道行軍大總管李世勣，率騎士六萬；從海上進攻平壤

《薛仁貴征遼事略》永樂大典本書影

的是平壤道行軍大總管張亮所率四萬多人，五百艘戰船，而不是三十萬大軍。另外，唐太宗征遼東是出於他自己的決策，好多人勸阻他都沒成，他可不是受人欺騙和挾持才去打遼東的。再說，張亮所率水師從東萊（今山東萊州）入海，到卑沙城（在今遼寧旅順東北）登陸，有數百里之遙，乘當時的船隻（那時可沒有現在的輪船）走這段路，需要相當長的時間，怎會唐太宗酒沒喝完剛覺出搖晃就到了「大海東岸」？可見，人們切不可將《薛仁貴征遼事略》這本小說裏的話信以為是真事。

需要特別指出的是，《三十六計》中的「瞞天過海」並不是泛指一般的欺騙，而是特指根據「物極則反」的原理進行的一種「公開」的欺騙。一般人都懂得，「天」極難「瞞」，「海」最難「過」。但正因為難，人們一般都認為不能欺騙和通過，反而恰恰可「瞞」可「過」。這就叫「物極則反」。此計正文中說的「備周則意殆，常見則不疑」；「陰在陽之內，不在陽之對」，講的正是這一道理。

「備周」有患，「常見」生弊

我們常說「有備無患」，「常見」才熟。照此說來，「備周」是對的呀，「常見」是好的呀，為什麼反而因此會導致戰爭指揮上的失誤呢？這是有原因的。

大敵當前，誰都懂得應加強戒備，無備者必敗。所以《孫子兵法·九變篇》中說：「無恃其不來，恃吾有以待也。」《吳子·料敵》中說：「安國家之道，先戒為寶。」但這絕不是說，「有備」就絕對地好。事有當備與不當備、多備與少備、此時備與彼時未必備之分，什麼都備，什麼時候都備，而且什麼地方、什麼時候都要大備，誰有那麼多精神和力量！所以，《孫子兵法·虛實篇》中又說：「備前則後寡，備後則前寡；備左則右寡，備右則左寡；無所不備，則無所不寡。」可見，多備和常見未必就無患。其患之一就是「備周則意殆，常見則不

疑」。

在中國歷史上，用「瞞天過海」之計破敵的戰例很多。我們選在戰略層面應用和在戰術層面應用的戰例各一個，用來做進一步解說。

(1) **隋文帝滅陳**。隋朝高頴（音炯）曾向隋文帝進獻伐陳之策：利用大江南北收穫季節上的差異，使陳朝的農作物有「產」無「收」。做法是，每當陳朝快要收割莊稼的時候，隋朝就少量徵集一些兵馬，同時大力宣傳說，隋軍要襲擊陳朝了。這樣，使陳朝國內忙於徵兵禦守，因而耽誤農時。隋朝還經常派人過江去焚燒陳朝的倉庫。這樣，陳朝不出數年，財力就消耗盡了。更重要的是，長此以往，陳人習以為常，常見則不怪，必然麻痺鬆懈。隋再徵集兵馬，陳人就會不再相信隋軍真正來攻打自己。在其猶豫不決時，隋軍就可乘機渡江了。此計被隋文帝採納。陳朝的統治者果然中計，在不當備時，他們把「備戰」放在了第一位，政治上鬧得人心惶惶，也沒心思生產了。後來，該「備戰」了，人們精神上反而鬆懈了，以為又是隋朝嚇唬人，不必那麼認真防備。同時，由於莊稼總得不到收穫，再加上倉庫老是被燒，國家也給折騰窮了。結果，陳朝一戰而亡國。「備周則意殆，常見則不疑」，指的正是像陳朝這樣的情況。這是隋文帝將「瞞天過海」原理用於戰略指導取得成功的一個範例。

(2)**兀良哈台攻打押赤城**。在戰役戰術上也有很多運用這一計謀取得成功的例子。西元一一五二年，元將兀良哈台跟隨忽必烈征伐大理，大兵攻到押赤城（今雲南昆明市）受阻。該城當時三面環水，易守難攻，元軍屢攻不克。兀良哈台於是命令停止攻城，把所有鼓鉦都集中起來，要他們不定時地擂鼓擊鉦。在中國古代，軍隊聞鼓聲則進，聽鳴鉦而止。但元軍每次在使勁兒地擂完鼓後卻都回帳睡大覺去了。這樣一連做了七天。守城軍開始一聽到元軍擂鼓，就舉城動員，嚴密防守，長此以往，被弄得十分疲憊；後來看到元軍並不攻城，戒備就逐漸鬆弛下

來。兀良哈台於是命令他的兒子阿尤乘夜間偷襲入城，裏外夾擊，大破疲憊不堪而又鬆懈麻痺的大理軍。兀良哈台採取的也是「瞞天過海」之法。

「太陽，太陰」的哲學底蘊

《瞞天過海》之計末尾講的「陰在陽之內，不在陽之對。太陽，太陰」，是對「備周則意殆，常見則不疑」現象的哲學總結和高度概括：隱秘的行為，往往以公開的形式為掩護，而不與公開的形式絕然對立。這就是《周易》中講的太陽與太陰雖為兩個極端卻相反相成的道理。無數事實證明，世界上任何互相對立的事物或現象都是互相包容的，當它們發展到極點時，就向自己的對立面轉化。過度的戒備會導致鬆懈麻痺是如此，某種現象反覆出現會使人視而不見是如此，極度公開往往是達成隱秘的最好手段也是如此。蘇洵在《心術》中說：「吾之所短，吾抗而暴之。」講的即是這一道理。

為揭示此計的哲學底蘊，我們再舉幾個例子。

(1) **羅斯福當動反靜**。美日中途島之戰前夕，美軍偵破了日本海軍的無線電報密碼，因此能準確破譯日本海軍的電報，從而掌握日本海軍的活動情況。但美國的一家報紙卻意外地將這一秘密以「獨家新聞」報導了出去。情況是嚴重的。美國總統羅斯福得知這一情況後，竟然若無其事，下令不准官方任何人查問此事。日本方面可能因此沒有注意到這張報紙；或注意到了，但看到美國官方沒任何反映，也就沒當回事兒，照樣用原來的密碼，美國人依然偵收他們的情報。羅斯福當怪不怪，當動反靜，達到了怪、動不能達到的「瞞天過海」的目的。這就是「太陽、太陰」互相轉化的道理，或者說，叫「陰在陽之內，不在陽之對」。如果羅斯福當時聽到報告後，興師動眾地查問此事，鬧得滿城風雨，不管結果如何，日本人為安全考慮，是肯定會把密碼改掉的。美國

人那樣做就弄巧成拙了。

(2) 諸葛亮「實則實之」。《三國演義》第五十回中寫了一段諸葛亮

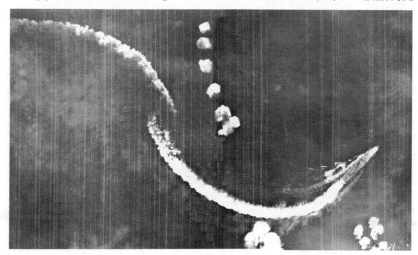

在中途島決戰中，美國的俯衝轟炸機攻擊日本的航空母艦

妙算華容道的故事，說的是諸葛亮料定曹操在赤壁之戰敗後必向南郡逃跑，通往南郡有兩條道路可供選擇：一條是較平坦的大路，一條是地窄路險的華容道，後者較前者近五十餘里。諸葛亮針對曹操通曉兵法、性情多疑的特點，命令關羽在華容道旁埋伏，並在那裏燒火生煙。曹操率殘兵敗將逃到兩叉路口，大家對走哪條道產生了不同意見。眾將多認為，有烽煙處必有伏兵；曹操卻認為「虛則實之，實則虛之。諸葛亮多謀，故使人於山壁燒煙，使我軍不敢從這條山路走，他卻伏兵在大路等著。吾料已定，偏不教中他計」！結果恰好中了諸葛亮的計。諸葛亮採取的也是實則實之、「太陽，太陰」之法，使敵人誤以「陽」為「陰」、以實為虛，從而成功地隱瞞了自己的真實意圖。《三國演義》是小說，這些細節可能是作者虛構的，但它具有藝術的真實，其蘊含的哲理同樣可以給人以深刻而有益的啟示。

「瞞天過海」在非軍事領域常被應用

「瞞天過海」之術不但被廣泛用之於軍事領域，政治、經濟、外交等非軍事領域也可借鑒。比如，春秋時期，鄭莊公為對付他的政敵、其弟弟公叔段，採取了對之驕縱的政策，使之「多行不義」，以達到「自斃」的目的，就是在政治上運用物極則反的原理，最終將其擊敗。戰國時，商鞅利用魏國國君驕傲自大的心理，在外交鬥爭上採取因其「自強而強之」的策略，說了許多恭維魏國的話，讓他「先行王事」，然後再圖齊、楚。魏國國君果然中計，於是，惹惱了齊國和楚國，齊人伐魏，殺其太子，殲滅了魏國十萬大軍，秦不費吹灰之力而取得了西河（今山西、陝西交界處南北流向之黃河）之地。《老子》中說的「太剛則折」，《六韜》中講的「文伐」十二法，《太白陰經》中講的「順其心志而傾其社稷」等，運用的都是這一哲理。

經濟學中有一個「劣幣驅逐良幣原則」，意思是說，在鑄幣流通時代，成色差的錢幣會使成色好的錢幣逐步退出流通領域，轉為被人收藏，市面上流通的都是成色差的錢幣。這種現象在中國漢、唐等朝代都曾出現過。現代商品流通也有類似情況，越是名牌產品，越容易被人仿製、假冒，如果沒有良性的競爭原則、定價機制和公正有力的法律手段，名牌產品就會受到嚴重擠壓，甚至會被劣質產品所取代，使劣質產品得以「瞞天過海」，最後優、劣產品玉石俱焚，大家都同歸於盡。這樣的教訓不是也時有所聞嗎？

人們常用「燈下黑」來比喻越是領導機關眼皮底下越容易出問題，且難以發現，其原理亦在於物極則反。越被認為不會發生問題的地方，有時反而越容易發生問題；越被認為是安全的地方，有時反而可能最不安全。美國的五角大樓夠「安全」了吧？但卻偏偏在「九一一」事件中被恐怖分子用美國人自己的飛機撞掉了一角，死傷了很多人。《紅樓夢》

中講：「大有大的難處。」蘇東坡說：「高處不勝寒。」俗語稱：「人怕出名豬怕壯。」……這些都包含著「太陽」、「太陰」互相轉化的道理。

【按】陰謀作為，不能於背時秘處行之。夜半行竊，僻巷殺人，愚俗之行，非謀士之所為也。昔孔融被圍，太史慈將突圍求救。乃帶鞭彎弓，將兩騎自從，各作一的持之。開門出，圍內外觀者並駭。慈竟引馬至城下塹內，植所持的，射之。射畢，還。明日復然，圍下人或起或臥。如是者再，乃無復起者。慈遂嚴行蓐食，鞭馬直突其圍。比賊覺，則馳數里許矣。

【按語今譯】實施陰謀密計，不能在不適當的時機偷偷進行。半夜裏偷竊，在僻靜的小胡同裏殺人，那都是愚昧的行為，不是真正的謀士所做的事情。三國時，孔融在北海被敵人包圍。太史慈在準備衝破包圍去求救兵之前，先帶著馬鞭和弓箭，讓兩名騎兵各扛著一個靶子跟隨在他後面，打開城門走了出來。包圍圈內外看到的人都感到驚駭，太史慈卻若無其事地牽著馬來到城下的塹壕內，讓士兵插好靶子，開始練習射箭。射完後就返回城裏。第二天還是這樣。圍城的敵人以為他仍是練習射箭，有的站著，有的躺著，不再留意他。這樣連續幾天，他再出來時，敵人中竟沒有人理會他了。於是太史慈就乘機在一天早上早早地吃了飯，做了急行的充分準備後，打開城門，突然催馬加鞭，飛也似地衝了出去，在敵人驚慌失措之中穿過了包圍圈。等到敵人明白過來時，他已經跑出去好幾里地了。

第二計
圍魏救趙

共敵不如分敵，敵陽不如敵陰。

讓敵人集中兵力，不如設法將他們分散開，然後各個殲滅；與
強大的敵人正面交鋒，不如乘虛取勝。

「圍魏救趙」的實質是避實擊虛

　　「圍魏救趙」這個成語來源於戰國時齊、魏為爭霸而進行的桂陵之戰。其經過大體是這樣的：

　　周顯王十五年（前三五四年），魏惠王派將軍龐涓率兵8萬圍攻趙國都城邯鄲（今屬河北），兩軍相持一年之久，雙方實力都有很大消耗。應趙國的請求，齊威王命田忌為將，孫臏為軍師，率軍八萬去援救趙國。起初，田忌想率軍直趨邯鄲參戰，孫臏根據「解雜亂糾紛者不控拳，救鬥者不搏撠（音己）」的道理，提出了「批亢搗虛」、「圍魏救趙」之計，建議田忌率軍直搗魏都大梁（在今河南開

龐涓像

封西北），以調動龐涓之軍回師自救，齊軍在其回歸途中對之進行伏擊，這樣，既可以解趙國之圍，又有利於擊敗魏軍。田忌採納了這一建議。龐涓在攻破邯鄲之後，得到齊軍攻大梁的消息，果然在留下一部分人守邯鄲之後，帶領另一部分疲憊不堪的魏軍急急忙忙地回救大梁，部隊行進到桂陵（在今河南長垣北），遭到齊軍伏擊。齊軍以逸待勞，以飽待饑，出其不意，攻其不備，又據有利地形，因而輕易地打敗了魏軍，並擒獲龐涓，迫使魏國同趙國講和，將邯鄲歸還趙國。齊國達到了「一舉解趙之圍而收弊於魏」的雙重戰略目的。

「圍魏救趙」謀略的實質是避實擊虛

從以上介紹的齊魏桂陵之戰的簡要經過中，我們不難看出，「圍魏救趙」之計的實質是避實擊虛，必攻不守，致人而不致於人，也就是此計正文所說的，是「分敵」，而不是「共敵」，是「敵陰」而不是「敵陽」，即用計先讓敵人分散兵力，而不是讓敵人集中兵力；不與強大的敵人正面公開接戰，而是「先奪其所愛」，打其虛弱而又要害之處，使敵聽我調動，迫其入我彀中，從而達成「勝於易勝」之目的。

避實擊虛、必攻不守是戰爭指導的一個重要原則。《管子·制分》中揭示了這一原則的奧秘所在：「攻堅則瑕者堅，乘瑕則堅者瑕」。意思是說，攻打敵人堅強的部位，敵人虛弱的部位也會變成堅強；攻打敵人虛弱的部位，敵人堅強的部位就會變成虛弱。桂陵之戰生動地說明了這一點。龐涓所率攻趙之師是魏軍主力，是其「堅」、「實」所在。如果按照田忌起初的想法，率軍趨邯鄲與龐涓直接交戰，那就是「攻堅」，或者叫「擊實」、「共敵」、「敵陽」，龐涓以逸待勞，以實擊虛，處於主動地位；齊軍長途行軍，被動趨戰，未必有取勝的把握；即使齊軍能夠打勝，也必會付出重大代價，而魏之「瑕」者——大梁等地則因受不到攻擊而變成了「堅」者。這是致於人而非致人之計。後來齊軍採取了孫臏的「圍魏救趙」之策，做到了「乘瑕」、「分敵」、「擊虛」、「敵陰」，情況就不同了。大梁是魏國的都城，是其虛弱而又要害之處，大梁一旦失陷，魏便國將不國。因此，龐涓必定回師急援，如此，齊軍就將長途趨戰之勞轉嫁給了龐涓。龐涓既已攻破邯鄲，則必定分兵留守，這樣，其兵力就被分散削弱了。這對齊軍來說，就變「共敵」為「分敵」，從而使龐涓這個魏軍之「堅」者也變成了「瑕」者。有朋友問道，我對敵避實擊虛，敵人的實處受不到打擊，那我方並沒有真正取得勝利呀，敵人還可以用其「實」打我們呀。我們說，「避實擊虛」並不

是說對敵之「實」就一味地避而不打，而是透過擊敵之「虛」，調動、分散、削弱敵人之「實」，使其「實」轉化為「虛」，然後再集中力量殲滅之。這樣，就可使自己始終處於以實擊虛的有利地位。孫臏圍魏救趙不就是這樣的嗎？

「圍魏救趙」謀略在戰略戰術等
不同層面上都可應用

自孫臏創「圍魏救趙」戰法以來，此法廣為流傳，成為後人常用的迫敵就範的重要謀略，不但用之於戰役、戰鬥指揮，而且還用之於戰略謀劃。

「圍魏救趙」謀略在古今中外都有廣泛的應用。

(1) **李泌獻計平叛軍**。唐肅宗時，為打敗安史叛軍，李泌獻「以兩軍繫其四將」、「覆其巢穴」之計。此計的戰略目標是收復兩京（長安、洛陽），徹底平叛；但實施步驟卻不是直接去打兩京，而是分成四步走：一是「疲敵」。建議由李光弼出井陘（在今河北石家莊市西），郭子儀進河東（治所在今山西太原西南），肅宗駐扶風（今屬陝西），使叛軍首尾難顧，疲於奔命。二是唐軍乘機直取叛軍巢穴范陽（今北京），造成叛軍內部混亂。三是收復兩京。四是乘勝徹底平定全國叛亂。此計的基本原理就是「圍魏救趙」，以覆范陽達收兩京之目的。可惜唐肅宗眼光短淺，對敵我力量對比估計有誤，沒有徹底採納此計，而是派兵直接進攻都城長安。這一決策是使敵「共兵」，而不是「分兵」，是「敵陽」，而不是「敵陰」，結果，唐軍以重大代價克復兩京後，不久又陷入了李泌在事先就預料到的「賊必再強，我必又困」的境地。這從反面證明了李泌「圍魏救趙」策略的高明。這是在戰略層面對「圍魏救趙」謀略的應用。

(2) **《三國演義》中的官渡之戰四用「圍魏救趙」**。看過《三國演義》

的人都熟知官渡之戰。從袁、曹兩家在此戰中的決策看，其中至少有四處演繹了這一戰法，對我們理解在戰役戰鬥層面應用此計多有幫助。其一，決戰前，謀士許攸曾向袁紹獻計，認為袁、曹兩軍在官渡（在今河南中牟境）相持，許昌（今屬河南）必然空虛，若分一軍星夜掩襲許昌，則許昌可拔，曹操可擒。這是運用「圍魏救趙」的一招絕妙之計。如果袁紹採納了此計，官渡之戰的歷史很可能就不是我們今天見到的這個樣子了。但袁紹「不足與謀」，他不但不聽，反而要治許攸的罪，結果逼反了許攸，此計未被採納。其二，曹操劫燒袁紹烏巢（在今河南封丘西）之糧，則是對「圍魏救趙」之謀的成功運用。「敵陽不如敵陰」，明打不如暗襲。曹操此計得手後，袁軍因此軍心渙散，根基搖動，曹軍則由此逐漸變劣勢為優勢，為取得官渡之戰的勝利打下了基礎。其三，在袁紹得知曹操劫烏巢之糧後，謀士郭圖又向袁紹獻計說，曹操率兵劫糧，其寨必然空虛，可縱兵攻擊曹寨，迫使曹操回救，「此孫臏『圍魏救趙』之計也」。此計並非不善。但只因曹操又謀高一籌，事先有備，因而未能得逞。其四，後來曹操又採納了荀攸之計，讓軍中謠傳說曹兵要分兩路分別攻取鄴郡（在今河北磁縣南）和黎陽（在今河南浚縣東），斷絕袁兵歸路。袁紹聽說後，不分真假，趕緊分兵二十萬去營救這兩地，袁紹在官渡的兵力因此大減。曹軍在達到「分

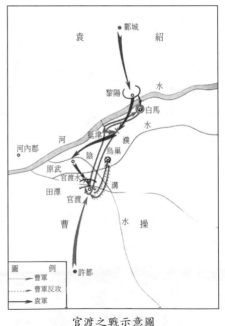

官渡之戰示意圖

三十六計的智慧

敵」的目的後，乘機一齊出擊，直衝袁紹營寨，從而大敗袁軍。荀攸此計，也是對「圍魏救趙」之策的靈活運用。

(3) 美軍「打伊救科」。「圍魏救趙」之計的原理在現代高科技局部戰爭中仍可運用。一九九〇年爆發的波灣戰爭即體現了這點。盟軍為將入侵科威特的伊拉克軍隊趕出去，沒有直接派兵去科威特與伊軍交戰，而是制定了先打擊伊拉克腹地政治統帥機構和指揮控制系統、切斷其補給線，再消滅科威特戰區的伊拉克共和國衛隊、攻克科威特城的作戰計劃。這就是所謂的「沙漠盾牌」行動。為實施這一計劃，盟軍對伊拉克境內的軍事目標進行了一個多月的持續不斷的轟炸，使伊軍通訊和指揮系統失靈，使處在科威特的伊拉克軍隊作戰能力大為降低。在進行地面戰役中，盟軍主攻部隊採取了「左勾拳」的打法，繞過伊軍預先有準備的防禦陣地，迅猛突入伊拉克腹地幼發拉底河谷，包圍了伊拉克的共和國衛隊，使駐科威特的伊軍被迫只能在投降和被殲之間作出選擇。在這場高科技戰爭中，盟軍戰略上實施的「打伊救科」計劃和戰役上的打「左勾拳」行動，均體現了「圍魏救趙」、避實擊虛的謀略思想。

「圍魏救趙」謀略在商業領域應用的啓示

「圍魏救趙」之計的奧秘是避實擊虛、以迂為直。這一奧秘在一些非軍事領域也可借鑒。在市場上，一般「冷門」是虛，「熱門」是實。有頭腦的企業家往往避「熱」趨「冷」，「冷門」一旦被打開，常會迎來一片新天地，創建一個新的企業或救活一個將要倒閉的企業。

如在美國市場上，玩具行業競爭得很激烈。玩具製造商們都在如何將玩具做得美麗漂亮這一思路上想問題，使玩具在品種、樣式、色彩等方面長期沒有突破，有的企業因此生意蕭條。艾士隆公司董事長布希耐有一天腦子裏突然冒出一個奇怪念頭：設計一套精緻的醜陋玩具，如橡皮做的粗魯村夫等，並付諸設計和生產。這種醜陋玩具一上市，竟然成

了暢銷不衰的搶手貨,在美國掀起了一股不大不小的醜陋玩具熱。該公司因此名聲大噪,財源滾滾而來。其成功的奧秘在於,它不是用原有的產品與對手直接競爭,而是打破舊的思路,避實擊虛,另闢蹊徑,出奇制勝。其思路迎合了青少年不拘一格、異想天開、求新求奇的反傳統心理需求,在「漂亮」變成了俗時,「醜」便變成了「美」,因而獲得了成功。

【按】治兵如治水:銳者避其鋒,如導流;弱者塞其虛,如築堰。故當齊救趙時,孫子謂田忌曰:「夫解雜亂糾紛者不控拳,救鬥者不搏撠。批亢搗虛,形格勢禁,則自為解耳。」

【按語今譯】指揮作戰如同治理江河一樣。對於來勢兇猛的敵人,要避開他的強盛勢頭,應該像挖溝疏導水流一樣,減弱它的衝擊力;對於勢力弱小的敵人,則應該像修築堤壩堵塞水流一樣,直接對他進行堵截。所以,戰國時期,當魏軍攻打趙國,齊國出兵救趙時,齊國軍師孫臏對將軍田忌說:「要想把一團亂糟糟的麻繩解開,不能用拳頭去打,而只能用手指來條分縷析;要想解救爭鬥中的人,不要用手持戟盲目地參與搏鬥,而要抓住敵之要害,乘虛而入,利用形勢的制約作用迫使敵人就範。這樣,雙方的爭鬥就自然化解了。」

第三計
借刀殺人

計文

敵已明，友未定，引友殺敵，不自出力。以《損》推演。

今譯

敵人已經明確，但盟友的態度還沒有確定。在這種情況下，可設法使之成為友軍，並引導他去消滅敵人。這樣，可不必使用自己的力量就能達到目的。這個道理可以用《易·損》卦「損上益下」的道理來推演。

「借刀殺人」是借用他人力量消滅敵人的謀略

別把這裏的「借刀殺人」讀「歪」了

《三十六計》中的「借刀殺人」之計，與我們俗語所說的「借刀殺人」在含義上有很大的區別。這是首先必須要弄清楚的。

俗語所說「借刀殺人」的基本意思是，自己不出面，利用別人的手去殺死或打擊自己想殺死或想打擊的人。《三十六計》中的「借刀殺人」所包含的內容已不僅於此。這裏的「借刀」主要是指借用友軍的力量；這裏的「殺人」主要是指打擊、消滅群體的敵人，而不只是打擊或殺死某個人的簡單行為。此計正文說：「敵已明，友未定，引友殺敵，不自出力。」這裏的「敵」、「友」、「自」是內容寬泛的概念，通常指的是群體，它是對戰爭態勢下一般都會出現的三種力量關係的描述。作者認為，此計的原理，取之於《周易》中的《損》卦。此卦主要講的是「損下益上」的道理。作者從零和思維模式出發，認為戰爭有所益，必有所損，即我們常

王允使呂布殺董卓是借刀殺人的一個經典例子

說的「有人歡喜有人愁」。這是戰爭結局的基本樣式，具有一般的指導意義。因此，此計適用於戰略、戰役、戰術指揮等不同層次，而不僅僅指的是個體之間的仇殺爭鬥之術；更不僅僅指的是在「自己人」內部搞的爾虞我詐之謀，而講的是對敵鬥爭藝術。不明乎此，無論對此計是褒是貶，都屬無的放矢，都會對讀者產生誤導。因為褒貶者本人首先就誤解了此計的本義。

當然，「借刀殺人」也包括那些借別人之手殺死某個具體人的計謀和行為。如鄭桓公用離間計使鄶君盡殺其良臣，後漢王允使呂布殺董卓，曹操借黃祖之刀殺禰衡，金借秦檜之手殺岳飛，後金借崇禎之手殺袁崇煥等。但需要說明的是，不能把《三十六計》的「借刀殺人」之計僅理解於此。它的含義要比這寬泛得多，其基本原理是利用事物之間普遍存在的矛盾，使其互相對立、鬥爭、抵消，達到我不用力或用小力制敵、殲敵和使朋馭友的軍事目的。「鷸蚌相爭，漁翁得利」，「螳螂捕蟬，黃雀在後」，「卞莊刺虎」，「二桃殺三士」等典故，都是人盡皆知的故事，其中都包含著「借刀殺人」的原理。

「借刀殺人」之計是多極鬥爭態勢下所採取的對敵鬥爭中最常見的策略。讀中國史書就可發現，歷代各派政治勢力之間的爭鬥，大量地使用了這一謀略。

「借刀殺人」之計可用於戰略、戰役等不同層面

(1) **戰略上的「借刀殺人」。**周赧王三十年（前二八一年），齊國攻滅宋國，國勢煊赫。秦昭王為了打擊這一潛在的強大對手，決定利用中原各諸侯國的矛盾打擊、削弱齊國。為此，秦國開展了一系列的外交活動，如先後會見楚頃襄王於宛（今河南南陽），會見趙惠文王於中陽（今屬山西），會見魏王於宜陽（今屬河南），會見韓王於新城（今河南伊川西南），為「先出聲於天下」，又派將軍蒙武攻齊，奪佔九城。秦昭

王透過這一系列的外交活動和軍事上的「示範」行為，挑起了中原各諸侯國聯合伐齊的戰爭。西元前二八四年，樂毅以燕上將軍職，佩趙國相印，率燕、秦、趙、韓、魏五國軍隊聯合攻齊，半年內就攻克齊國七十餘城，使齊國差點亡國。後來齊將田單又打敗燕軍，才使齊國得以保存下來。但齊、燕兩國因此都大傷元氣。秦在「敵已明，友未定」的情況下，經過外交活動，因勢借力，以敵打敵，用此計的話說，是「引友殺敵，不自出力」，從而取得了「借刀殺人」的巨大戰略利益。

隋文帝時，突厥沙鉢略可汗經常侵擾邊境。為了達成「引友殺敵，不自出力」的目的，奉車都尉長孫晟引誘突厥另一股勢力阿波降附隋朝，使其與沙鉢略互相攻擊，阿波在與沙鉢略的爭戰中頻頻取得勝利，勢力逐漸強大，沙鉢略為求生存，不得不向隋朝求和。隋因此輕易地制服了突厥，從而解除了北方這一最大的威脅。沙鉢略死後，隋文帝又拜他的弟弟處羅侯為莫何可汗，以其子雍閭為葉護可汗，讓他們又與阿波互相羈絆，無暇南顧，從而為隋南向攻陳解除了後顧之憂。

(2) **戰役戰鬥上的「借刀殺人」**。在戰役戰鬥層次上使用此計取得成功者，更是不可勝數。如周顯王二十六年（前三四三年），魏國發兵攻打韓國，韓國向齊國求救，齊國沒有馬上出兵，而是在韓、魏五戰之後，雙方都付出了很大犧牲的情況下才出兵救韓，其中就運用了「借刀殺人」的原理：借韓、魏雙方之「刀」，「殺」其雙方之人（削弱其

唐高祖李淵像

雙方實力），以使自己收其雙方之利。隋末李淵採取「據險養威，徐觀鷸蚌之勢以收漁人之利」的計策，借用起義軍李密之兵以「塞成皋（今河南滎陽汜水鎮）之道，綴東都（指洛陽）之兵」，乘李密與王世充在洛陽苦鬥、雙方都無暇西顧之際，李淵乘虛入關，一舉攻克長安，建立了自己的根據地，形成了「號令天下」之勢，採用的是借李密之「刀」「殺」隋軍之「人」的計策。

「借刀殺人」要因人因勢而設

使用「借刀殺人」之計，不能不講條件，不看對象。這其中大有學問。下面的例子就說明了這一點。

(1) **荀彧先敗後成**。《三國演義》中講了這樣一件事。劉備屯兵徐州，呂布兵敗後投奔了他。曹操害怕他們聯合起來對付自己，就向謀士荀彧問計。荀彧獻「二虎競食」之計，內容是：正式下詔書封劉備為徐州牧，暗中修書一封，讓劉備殺掉呂布。事成，則劉備無猛士為輔；不成，則呂布必然會殺劉備。總之，是二虎相鬥，互有所傷。此計對劉備估計不足，劉備以「義」為重，不會無緣無故殺人。所以，最終沒有使兩「虎」鬥起來。於是荀彧又獻「驅虎吞狼」之計：曹操暗中派人向袁術通報說，劉備上密表要攻打他，袁術聽了後，必然會挾怒攻打劉備；曹操再公開下詔書讓劉備討袁，他們兩家相拼，呂布必生異心，會乘機奪佔徐州。這次荀彧總結了上次失敗的教訓，正確分析了劉備、袁術、呂布的心理特點：袁術愚昧，劉備聽詔，呂布見利忘義。此計對症下藥，因勢而定，因此獲得了成功。

(2) **美國以「伊」制「伊」**。「借刀殺人」之計在現代高科技戰爭中仍常被使用。美國攻打阿富汗塔利班政權和「基地」組織，就使用了此計。在這場戰爭中，美國人對塔利班政權及「基地」組織只進行遠距離打擊，後期才使用少量特種部隊進行突襲。始終真正和塔利班士兵正面

交鋒、攻城奪地的，都是阿富汗人，即北方聯盟的士兵，他們因此也付出了很大犧牲，而美國人卻因此犧牲很少。美國人的這種策略就是「借刀殺人」，即借用阿富汗人打阿富汗人。美國在伊拉克戰爭中也採用了這種以「伊」制「伊」（用伊拉克人制伊拉克人，或用伊斯蘭制伊斯蘭）的辦法，即利用海珊的政治宿敵（包括在伊拉克國內的或是流亡國外的）、伊拉克南部的什葉派和北部的庫爾德人去推翻海珊政權，美國人除對伊拉克進行空中打擊外，再出錢出槍武裝海珊的反對派，讓他們去自相殘殺，自己則可坐享其成。布希政府的這一策略並不是什麼新花樣，美國政府在二十世紀末對中國海峽兩岸採取的就是這種手段，即美國人出錢出槍，挑動中國人打中國人。現在只不過是美國人在新形勢下的故伎重演而已。而且，這一謀略在未來的戰爭中還會不斷地被人們運用，這是一條原理古今相通、花樣不斷翻新的「經典」性謀略。

更不能把「借刀殺人」用「歪」了

在現實生活中，將「借刀殺人」的謀略用之於對敵的鬥爭，這是無可非議的。在國際多極鬥爭中，亦應防止某些敵對勢力「打」我們的「牌」，以達到其不可告人的目的。我亦可利用其內部矛盾，維護我國家利益。作為我們個人，懂得「借刀殺人」的基本原理，則主要用於防止自己被壞人利用，做出親者痛、仇者快之類的事情來。如在「文化大革命」中，某些人挑動群眾鬥群眾、群眾鬥幹部、幹部鬥幹部、幹部鬥群眾等，給我們留下了深刻的教訓。在平時生活和工作中亦可借鑒其理。如在外貿經營上，要防止自己內部搞「窩裏鬥」，被他人利用。在一段時間裏，一些企業在國內競相抬價搶購某些商品，然後到國外削價競銷，因此帶來嚴重後果：使外貿經營效益下降，造成肥水外流；導致國外反傾銷投訴劇增；扭曲需求資訊，造成國內某些企業盲目發展；損害我國商品信譽等。這些不良後果被外國人利用，會給國家造成多方面損

失。這些矛盾的性質雖然與對敵鬥爭有本質的不同，但其中也有相通的道理。中國的歷史證明了一條真理：國內和，則致人，窩裏鬥，則致於人；家和萬事興，家亂窮折騰。這是我們不應忘記的。

【按】敵象已露，而另一勢力更張，將有所為，便應借此力以毀敵人。如子貢之存魯、亂齊、破吳、強晉。

【按語今譯】敵人已露出本相，而另一股勢力想改弦更張，企圖有所作為。這時，就應借用這股力量來消滅敵人。比如，春秋末期，齊國將要進攻魯國，孔子的弟子子貢經過遊說，達到保存魯國、攪亂齊國、破了吳國、強了晉國的目的。

第四計
以逸待勞

計文

　　困敵之勢，不以戰。損剛益柔。

今譯

　　陷敵於被動的局勢，而不採用直接交戰的方式。可以利用剛柔轉化的原理，不斷減損它的實力，增益我虛弱之處。

《三十六計》的「以逸待勞」
與孫子的「以逸待勞」有所不同

　　《三十六計》中此計的正文「困敵之勢，不以戰，損剛益柔」引自《易·損》卦象辭，原文是：「損剛益柔有時，損益盈虛，與時偕行。」意思是說，損減剛強者的力量，增益柔弱者的實力，不可無休止地進行，必須要掌握好時機和程度；損減滿溢，增盈虛弱，必須根據時勢而定。「與時偕行」，與我們現在說的「與時俱進」意思差不多。作者認為，遵照《易·損》卦象辭中講的剛柔轉化的原理，根據時勢不斷減損敵人的實力，增益我虛弱之處，這樣就可達到以逸待勞的目的。這話具有一般的哲學意義，戰爭、戰役、戰鬥等不同層次都可應用。

　　此前所說的「以逸待勞」則主要是從作戰層面上講的。「勞逸」這個詞在中國最古老的兵書之一《軍志》中就已經出現了。《通典》卷一五九《總論地形》中引有此書的一段話，其中就有「饑飽勞逸，地利為寶」一句。「以逸待勞」則出自《孫子兵法·軍爭篇》：「以近待遠，以佚待勞，以飽待饑，此治力者也。」古代佚、逸相通，意思是部隊休整充分，精力旺盛；「勞」則與之相反，意思是部隊因得不到應有的休整而精力疲憊。孫子認為，「凡先處戰地而待敵者佚，後處戰地而趨戰者勞」，因此，主張先佔領有利地形，利用有利地形打擊敵人。這無疑是以逸待勞的一個方面。孫子還主張「謹養勿勞」（《九地篇》），即對部隊要仔細周到地休整管理，使之處於力盛氣銳的狀態；對敵則要善於「佚能勞之」，使敵人由逸變勞，體疲氣衰，然後將其殲滅。孫子的這些論述，基本上從作戰層面闡明了「勞逸」這對範疇的內涵。《三十六計》按語的作者認為，孫子的「以逸待勞」是「論敵」，《三十六計》則是

「論勢」，提出凡是「以簡馭繁，以不變應變，以小變應大變，以不動應動，以小動應大動，以樞應環」，都屬「以逸待勞」之列，這就賦予了「以逸待勞」更為寬泛的含義，即：善於抓主要矛盾，掌握主動權，用「不戰」手段「困敵」。它彷彿孫子所說的「致人而不致於人」，「不戰而屈人之兵」等，此計包括前人所說「以逸待勞」的內容，但層次要比之高得多，內容比之寬得多。

懂得「以逸待勞」這一計謀的道理並不難，難的是如何在實踐中使用這一計謀。我要以逸待勞，敵人也要以逸待勞，誰能最終爭到這一主動權，就要看誰謀劃得更高明些了。《三十六計》的作者提出，實現這一目的的基本方法是「不以戰，損剛益柔」，就是不透過直接交戰來實現，而是用「軟方法」不斷地減損敵人的實力，增強自己的力量，逐步使自己處於優勢地位，從而陷敵於困境。

春秋時，齊相管仲採取寓軍令於內政的方法，將居民組織、生產組織和軍備組織合為一體，加強國家內政建設，同時也就強化了國家的備戰能力。由於齊國實行了這一政策，因而使國家變得強大並處於了「逸」的主動地位。此後，齊國就打出「尊王攘夷」的旗號，利用政治、經濟、外交、軍事等多種手段，分化、打擊從而損減那些敢於與自己抗衡的國家的實力，如用經濟手段削

管仲像

弱以至控制楚、萊、莒、代、衡山諸國，從而使齊國逐步成為春秋時期的第一霸主。其策略的基本原理就是「損剛益柔」。按人們對「以逸待勞」傳統意義上的理解，齊國的這種做法不能算「以逸待勞」；但從《三十六計》的正文看，它恰恰與之相符。

「以逸待勞」之計大量地用於戰役戰鬥指揮

這裏需要說明的是，「勞」和「逸」並不是一成不變的，而是可以轉化的。「以逸待勞」的「待」也並非消極等待，而是有備、應變之意。戰場千變萬化，沒有現成的模式供人們採用，指揮員必須踐墨隨敵，據勢定策。比如，敵人先我佔據有利地形，處於「逸」的地位，我如何使敵轉逸為勞、使我由勞變逸？敵方為主我為客，我如何反客為主、使敵由主變客？這都要因機處置，調動敵人；否則，就很難做到「以逸待勞」。這就是《易·損》卦象辭中所說的必須「與時偕行」了。

在中國古代，碰到我為客軍、利速弊久，而敵堅壁固守、欲疲我師的情況，一些聰明的將帥大都採取避攻堅城、調動敵人、伏擊殲敵的打法，變我勞為逸，變敵逸為勞。具體方法有攻其必救，迫敵出戰；實而示虛，誘敵出戰；羞辱敵人，激敵出戰等。

(1) **馬燧變「勞」為「逸」**。唐建中三年（七八二年），河東節度使馬燧指揮的在洹水（今河南安陽河）地區挫敗魏博節度使田悅的作戰，採取的就是攻其必救以達以逸待勞目的的戰術。當時馬燧軍越過漳水，只帶十日糧進屯倉口，隔洹水與田軍相持，田悅以逸待勞，堅壁不出。馬燧為了調動敵人，命部隊半夜吃飯，做出「秘密」沿洹水直趨田悅要地魏州（今河北大名東北）的樣子，只留百騎兵力於營中擊鼓鳴角，抱薪持火，命令他們在大部隊出發後停止鼓角之聲而藏匿橋旁，看到田悅軍全部過河之後就焚燒河橋，截斷其退路。馬燧軍東行十多里後，田悅得到馬燧攻打魏州的假情報，心急如焚，為救魏州，他匆忙率步騎四萬

追擊唐軍。馬燧在中途結陣而待，從而使自己變客為主，變勞為逸；而田悅則由主成客，由逸成勞。馬燧因此而大敗田悅。

類似的例子還可舉出許多，漢軍敗曹咎於成皋（在今河南滎陽汜水鎮西），李存勖（音序）敗劉鄩於莘（音身，今屬山東），則分別採取了辱罵激敵和以利誘敵使之出戰的方法，均達到了變勞為逸、以逸擊勞的目的。

(2) **凱米爾以少勝多**。「以逸待勞」是戰勝敵人的一般規律，在國外戰爭中亦被運用。一九二一年八月，希臘國王君士坦丁親率九萬六千大軍對土耳其發起總攻。土耳其大國民議會主席凱米爾率領的土耳其國民軍只有五萬一千人，武器也處於劣勢。凱米爾分析了敵強我弱的嚴峻形勢，決定採取以逸待勞的方法戰勝敵人。他下令放棄土耳其聖城布爾沙，主動向安納托利亞方向撤退，將敵人引到安哥拉以西的薩卡里亞河河灣地區。土耳其軍已預先在這裏構築了堅固的防禦陣地，士兵得到了較好的休整，而希臘軍隊一路上則到處碰到的是堅壁清野，官兵到達這裏時已是疲憊不堪。土軍因此在這裏成功地阻擊希軍達二十二天之久，希軍的優勢逐漸喪失，戰鬥力每下愈況；而土軍則越戰越強，將希軍打得大敗而逃。土軍一直追擊到厄斯基色希爾和阿菲永一線，取得了決定性的勝利，在世界戰爭史上創造了以逸待勞、弱軍戰勝強敵的一個範例。

在一般情況下，「逸」的一方佔有主動權，「勞」的一方則處於被動地位。但如果「逸」的一方喪失警惕，也會遭到失敗。這樣的事例在歷史上也是很多的。所以《百戰奇法·佚戰》中特別指出，要「佚而猶勞」，即警惕敵人乘我之逸而偷襲。否則，「逸」反而可能成為導致我失敗的條件。

指揮員必須具備優良的心理素質

指揮員要在戰爭中做到以逸待勞，致人而不致於人，至少要做到如下四點：

一能靜以待機。即在機會還沒有成熟的時候，能忍耐等待，不急不躁，不慌不亂，即使遇到非常重要、非常緊急的情況也能鎮定自若，處之泰然，如蘇洵《心術》所說，「泰山崩於前而色不變，麋鹿興於左而目不瞬」。秦晉淝水之戰前夕，符堅大兵壓境，晉朝朝野震恐，人們惶惶不可終日。在這種情況下與敵交戰，必難取勝。因此，都督謝安採取了以靜制動、其動自靜、穩定軍心、伺機破敵的辦法，常安閒地與人對弈。從而在一定程度上穩定了朝野的情緒。結果，晉軍以弱勝強、獲得勝利。

二是靜以應猝。宋將曹瑋鎮守渭州（治今甘肅平涼）時，一天，正與客人下棋，有人慌慌張張地跑入大帳，報說有十幾個士兵（一說幾千名，不可靠）叛逃到西夏去了。曹瑋平靜地說：「那是我故意派過去做間諜用的。」結果，消息很快就傳了出去，西夏人就把宋朝的那十幾個叛卒全都殺了，並把他們的人頭扔在兩國邊界旁，以示沒有中曹瑋的「奸計」。曹瑋在聽到情況嚴重的報告後，沒驚、沒怒、沒追、沒查，總之，沒動聲色，只一句話就達到了欺敵、懲叛的目的，真可謂是靜不露機、語出似

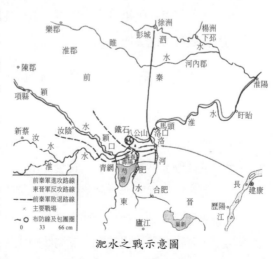

淝水之戰示意圖

刀了。

三能大動反靜。指揮員本來正在指揮著一場大的行動，但他卻反而愈發顯得平靜。所謂任憑風浪起，穩坐釣魚船；指揮千軍萬馬，好似閒庭信步；心得平於奇險，行持靜於大動。諸葛亮折衝於樽俎之間，周瑜「談笑間，檣櫓灰飛湮滅」，宗澤「眼中形勢胸中策，緩步徐行靜不嘩」，陳毅在戰鬥非常激烈的情況下仍能坐在棋盤前跳馬橫車，賀龍在情況緊急時照樣持竿垂釣等，都屬於這種情況。古語說：「大知閒閒」，這種閒，看似閒，不是閒；不是忙，勝似忙，是所謂善以一閒馭百忙、一逸勝百勞者。

四能靜中求策。胸有成算而後靜，並不很難做到；難的是局面混亂而眾人無謀時，能靜下心來進行思考。事實上，也只有靜，才有可能想出高明的對策。據中東問題資深專家托馬斯‧弗里德曼說，沙烏地阿拉伯王儲阿卜杜拉在二○○二年初提出的關於中東和平問題的建議，就是他和阿卡杜拉共進晚餐時閒談「侃」出來的。建議的核心內容是：以色列從一九六七年六月四日後佔領的領土撤出，並使巴勒斯坦建國；作為交換條件，阿拉伯國家聯盟與以色列建立全面的外交關係，實現阿以貿易正常化，並使以色列得到安全保障。這一建議在當時得到了包括美國在內的大多數國家的贊成。

「以逸待勞」：也是經營成功的一條秘訣

「以逸待勞」的要旨是爭取主動權，做到致人而不致於人。因此，非軍事領域也可借鑑。比如，生產經營有一條妙訣，就是人棄我取，人取我予。這樣做，常常可以以逸待勞，用小力而獲大功。前幾年，臺灣出現了一個新行業：販賣大陸舊家具。大陸人這幾年生活水準提高了，很多人都想把舊家具處理掉，換上沙發、軟床、新式櫃櫥等。在處理的舊家具中，有很多是珍貴的歷史文物，但人們急於以舊換新，對之毫無

憐惜之意。販賣者不用大的本錢，不費大的力氣，不冒大的風險，就可大賺其錢。有資料統計，僅一九九三年從大陸運到臺灣的舊家具至少有八百多噸，這些舊家具在臺灣價格昂貴得驚人，經營者因此大獲其利。一些駐京外國使館也乘機收集中國的舊家具，有的還將這些舊家具放在他們的客廳裏，作為主要裝飾物。歷史經常向人們開些玩笑：老的，在被人拋棄時會變成好的；但當人們認識到這點後，卻只有後悔了。一些不善經營者，總在時髦快過去時去趕時髦，忙得很，累得很，效益差得很。而善於經營者，不是忙於趕時髦，而是善於爆冷門，觀察形勢，以逸待勞。《戰國策》中有句名言：「良商不與人爭買賣之賈，而謹司時。」意思是說，好的商人在和別人做生意時，不過分地計較當時貨物價格的高低，而把關注點放在對商機的把握上。當然，要做到這一點，需要具備特殊的眼力和膽略。

【按】此即致敵之法也。兵書云：「凡先處戰地而待敵者佚，後處戰地而趨戰者勞。故善戰者，致人而不致於人。」兵書論敵，此為論勢，則其旨非擇地以待敵，而在以簡馭繁，以不變應變，以小變應大變，以不動應動，以小動應大動，以樞應環也。

【按語今譯】以上所說的，就是調動敵人的方法。兵書上說：「凡先佔據陣地等待敵人的，因能得到休息，就會精力充沛，士氣高漲；後到達陣地倉促應戰的，其身體和精神就會疲勞。所以，善於作戰的人，能調動敵人而不被敵人調動。」兵書講的是對敵作戰時，如何以逸待勞，爭取主動；而這裏講的「以逸待勞」，說的是如何因勢而取勝。所以，此計的要旨不是講如何選擇地形以對付敵人，而在於如何以簡易方法駕馭紛繁複雜的戰局，以不變應付變化，以小變應付大變，以不動對付動，以小動對付大動，以掌握中心樞要對付循環無窮的變化。

第五計
趁火打劫

計文

　　敵之害大，就勢取利。剛決柔也。

今譯

　　敵人有很大的災難和危機，就可乘機取利。這就是《易·夬》
卦中所講的以剛決柔的方法。

「趁火打劫」是「兼弱攻昧」的戰爭藝術

「趁火打劫」講的是對敵鬥爭藝術

「趁火打劫」的原意是趁人家失火混亂時去搶劫他的東西。後用來比喻在別人緊張危急時撈取好處或趁機害人。此成語原為貶義詞,《三十六計》賦予了它新的含義,意為乘敵人危急時對之進行攻擊,以達「勝於易勝」之目的。此計講的是對敵鬥爭藝術,而不是為人處世原則。這是首先必須弄明白的。如果對此沒弄明白,或將其用之於自己人內部,或對其「大批判」一番,斥之為「勾心鬥角」云云,都是錯誤的。此計正文中說:「敵之害大,就勢取利。剛決柔也。」第一個字就是「敵」字,點明了此計的施用對象是敵人,可知作者並沒有混淆敵我。

「剛決柔也」這句話取之於《易‧夬》卦:「象曰:夬(音怪),決也,剛決柔也。」「剛決柔」的原意是用明信之法宣傳自己的號令,以制止柔邪行為。此處意為用強力制服弱敵。其全文的意思是,如果敵人有嚴重的災難和危機,我就可乘機取利。這就是《易‧夬》卦象辭中所講的以強力制止柔邪。

乘敵之危打擊敵人的思想在我國源遠流長。《左傳‧宣公十二年》記載趙武子的話中就有「觀釁而動」、「兼弱攻昧,武之善經也」的話,所謂「兼弱攻昧」,就是吞併弱小的,攻打昏亂的。趙武子認為這是取得戰爭勝利最好的方法,是天經地義的事情。他還引用商湯時左相仲虺(音毀)的話說:「取亂侮亡。」認為這句話的意思就是「兼弱」。可見這一謀略思想在中國很早就有了。《孫子兵法‧計篇》中所說的「亂而取之」,《司馬法‧仁本》中所說的「外內亂,禽獸行,則滅之」,《六韜‧發啟》中講的「必見天殃,又見人災,乃可以謀」

等，講述的都是這一謀略。此後還有許多這方面的論述。如杜牧為《孫子兵法‧計篇》作注說：「敵有昏亂，可以乘而取之。」《兵壘‧乘》中說：「猛虎失勢，童子曳戟而逐之，乘其憊也。猩猩被酒（被酒灌醉），山樵扼其頏而刺其血，乘其醉也。制敵亦然，驕可乘，勞可乘，懈可乘，饑可乘，渴可乘，亂可乘，疑可乘，怖可乘，困可乘，險可乘。可乘者敵也；揣其可乘而乘之，善制敵者也。」這段話對如何實施「趁火打劫」做了較為具體的解釋。

古今中外的戰爭都少不了「趁火打劫」

看看古今中外的戰爭就可發現，「趁火打劫」本來就是戰爭中司空見慣的事情，用不著大驚小怪。需要關注的倒是，他們使用此計的水準如何，有些什麼經驗教訓。

(1) **春秋戰國時期的「趁火打劫」**。春秋戰國時期是亂世，戰「火」紛飛，「趁火打劫」的事例不勝枚舉。如西元前四七八年，越國趁吳國國內出現災荒時進攻吳國，在笠澤（今蘇州南）大敗吳軍。西元前三六九年，韓、趙乘魏武侯死，公子罃（音英）與公子緩爭奪王位、國內混亂之際進攻魏國，在濁澤（今河南臨潁西北，或說山西解縣西）大敗魏軍。西元前三一六年，秦乘巴（今四川川東地區）、蜀（今四川川西地區）兩國互相攻擊之際，出兵滅掉二國，使之都歸入秦的版圖之中。西元前三一四年，齊宣王乘燕國國內混亂時攻燕，僅用五十天就攻入了燕都薊（今北京）。這些都屬「趁火打劫」的行為。從戰國史看，秦國可稱得上是這方面的高手，它多次運用此法擴大土地。如在中原各國因為齊攻佔宋國而忙於伐齊的混戰之際，乘機奪取了魏國的焦和、曲沃（均在三門峽西），敗韓師於岸門（今山西河津縣南），又攻取了趙國的藺（今山西離石西），攻佔了齊國剛奪得的宋地定陶（今山西定陶西北），派司馬錯攻取了楚國的黔中郡（今湖南常德），逼迫楚國割上庸（今湖

北竹山西南）、漢北等。真可謂是趁
火打劫，一舉多得。

（2）**唐太宗「趁火」滅突厥**。唐
朝建國初年，深受突厥侵擾之苦。李
世民繼承帝位後，一方面抓緊做反擊
突厥的準備，一方面耐心等待有利時
機。貞觀三年（六二九年）八月，代
州都督張公謹上書說，突厥有「六可
擊」，大意是：突厥首領頡利可汗縱
欲逞暴，誅殺忠良，寵信奸佞，一可
擊；薛延陀部自稱可汗，派遣使者來
唐，其內部發生分裂，二可擊；原歸
屬頡利可汗的突利、拓設、欲谷等部
族也受到擠壓，無容身之地，他們對
頡利不滿，三可擊；塞北出現雪災，

唐太宗李世民像

突厥嚴重缺糧少草，四可擊；頡利棄親用疏，內部矛盾激烈，唐軍一
到，突厥統治集團必生內變，五可擊；在塞外的中原之人很多，他們嘯
聚山林，對抗頡利，唐軍出塞，他們都會響應，六可擊。李世民決定利
用這一有利時機，給一意與唐為敵而又勢力孤單的頡利可汗以致命打
擊，以絕後患。於是就派李靖為定襄道行軍總管，率兵十萬，採取驍騎
奇襲與包抄堵截密切配合的打法，一舉滅亡東突厥，活捉頡利並將他帶
到長安。從此，唐朝國威遠播，北邊數十年無大戰事。此戰，是李世民
對「趁火打劫」之計的成功運用。

（3）**沙俄慣用「趁火打劫」術**。一八四〇年鴉片戰爭以來，中國淪
為半封建半殖民地國家，被帝國主義瓜分豆剖，國家四分五裂，也是帝
國主義列強乘當時中國內憂外患之際趁火打劫的結果。其中最擅長此術

的是當時的沙皇俄國。一九○○年夏，沙俄政府乘英、美、法、德、日、義、奧等國用兵中國關內，無暇顧及東北三省，慈禧、光緒出京逃亡，急於向帝國主義求和，中國國內混亂之際，悍然出動了十七萬左右的兵力，進攻我國東北，比當時八國聯軍的總兵力還多出二萬多人，企圖一舉獨吞我東北三省，將其變為「黃俄羅斯」。只是由於我國東北軍民和義和團英勇不屈的抗俄鬥爭和其他帝國主義國家的牽制，其陰謀才沒有完全得逞。但沙俄政府依據《辛丑條約》所得清政府賠款為一億三千多兩白銀，比其他帝國主義國家都多，佔清政府向各國賠款總數（四億五千兩白銀）的百分之二十九。「趁火打劫」是沙俄帝國主義慣用的伎倆，其對中國是這樣，對其他國家也是如此。

在世界戰爭史上運用此計者並不乏其例。如，一八七七年初，俄國利用巴爾幹半島人民起義反對土耳其帝國統治的機會，打出「拯救土耳其帝國壓迫下的基督徒」和「保護斯拉夫兄弟」的旗號，向土耳其宣戰並取得勝利。十九世紀末葉，美國利用古巴、菲律賓人民的武裝鬥爭，以極小的代價從西班牙老殖民主義者手中奪取了波多黎各、關島和菲律賓這些海外殖民地等，都屬「趁火打劫」行為。

對「趁火打劫」之術要能用善防

「趁火打劫」謀略是對敵鬥爭的謀略，敵人可以用，我們也可以用，其本身並沒有什麼對錯，關鍵看是誰用，用於誰，為什麼而用，怎樣用。我們懂得了「趁火打劫」之計的原理，就應做到這樣兩點：一是要在對敵鬥爭中善於運用這一策略，做到「立於不敗之地而不失敵之敗」（《孫子兵法·形篇》），及時準確地利用敵人內部的各種矛盾，達成我之目的。我們要把敵人營壘中的一切爭鬥、缺口、矛盾，統統收集起來，作為反對當前主要敵人之用。只要我們善於偵察、分析、判斷，總會發現敵人的矛盾，使之為我所用。二是防止敵人對我「趁火打劫」，這就需

要我們加強團結，自強不息。近代中國之所以受人侵略和蹂躪，主要原因在於我們自己內部出了問題。所謂「木先自腐，而後蟲蠹」。杜牧在《阿房宮賦》中總結六國滅亡的教訓時說：「滅六國者，六國也，非秦也。」此話雖是激而言之，但也並非沒有道理，對後人很有振聾發聵的作用。自己內部腐敗無能，加之爭鬥不已，豆萁相煎，其盡豆熟，也就難怪外人爭相來吃了。

這裏需要特別說明的是，「趁火打劫」之計只能用之於敵人，不可用於自己人內部。對自己人不但不應趁火打劫、投井下石，而且要扶危濟貧、熱情幫助。但不可不防備他人對我使用此計，正所謂「劫」人之心不可有，防「劫」之心不可無。目前社會上有一種怪現象：有些話聽起來越荒誕、越離奇、越不可信，有些人卻越信。筆者在秦皇島曾旁聽過某「大師」傳授氣功，說是此功能治癒百病，「大師」可與玉皇大帝直接通話等。聽其言辭，實在荒唐之極，但當時竟有數以千計的善男信女對之奉若神明，甘願交上數百元去聽他瞎說。而且，還有保安為之站崗，官方記者為之鼓吹，場面好不熱鬧！不知那位「大師」趁人們思想混亂之際，「劫」走了多少錢財！

此風不僅大陸有，臺胞也犯有此病。報載，臺灣有位退役軍官一日忽發奇想，於是宣稱，他曾接觸過絕密情報，知道大陸某處有寶藏，現已與「大陸上層」講好，取得了開挖此寶藏的權利，故在臺募捐挖寶資金。如投資人能另外招募五名股東，就可多配一股。每股二十萬元新臺幣。此話不啻天方夜譚。但許多臺胞篤信不疑，紛紛踴躍「投資」，不但自己投，而且還積極串連親戚朋友一齊投，以期能超過五股，自己再多賺一股。這位退役軍官一下子就騙了數百萬元新

古代兵器青銅戈

臺幣，然後溜之大吉。他使用的就是「趁火打劫」的方法。教訓告訴我們，社會上有些事情鬧得越「火」時，越需要冷靜，切不可熱昏了頭，讓「打劫」者乘機而入，做出自己遭「劫」後讓旁觀者笑、後來自己也感到好笑的傻事。

【按】敵害在內，則劫其地；敵害在外，則劫其民；內外交害，則劫其國。如：越王乘吳國內蟹稻不遺種而謀攻之，後卒乘吳北會諸侯於黃池之際，國內空虛，因而搗之，大獲全勝。

【按語今譯】敵人有內患，就乘機攻佔他的土地；敵人有外患，就乘機劫掠他的人民；敵人內憂外患交迫，就吞併他的國家。比如，越王勾踐乘吳國極端窮困之際而謀劃攻打它，最後終於趁吳王夫差在甽池（今河南封丘南）與諸侯相會、國內空虛時攻打吳國，因而大獲全勝。

第六計
聲東擊西

計文

敵志亂萃，不虞，坤下兌上之象。利其不自主而取之。

今譯

敵方主帥心志混亂，缺乏應付突發事變的準備，這就是《易·萃》卦中講的混亂危殆的徵象。遇到這樣的情況，就要利用敵人的猶豫不決攻取它。

「聲東擊西」是示形欺敵的擊虛謀略

　　「聲東擊西」是在進攻方向上示假隱真，達成以實擊虛目的的軍事欺騙謀略。此計在中國源遠流長。《六韜・兵道》中說「欲其西，襲其東」，意思是說，我想攻敵西部，卻先襲擊他的東部，吸引敵人兵力向東調動，在其西部兵力空虛時突擊他的西部。這是對這一謀略的較早表述。另外，《淮南子・兵略訓》中講：「將欲西，而示之以東。」《通典》卷一百五十三《兵六》：「聲言擊東，其實擊西。」《百戰奇法・聲戰》：「聲東而擊西，聲彼而擊此，使敵人不知其所備，則我所攻者，乃敵人所不守也。」《兵鏡吳子十三篇》：「交戰之際，驚前掩後，衝東擊西，使敵莫知所備，如此則勝。」等等。這些講的都是「聲東擊西」的謀略。

　　研究和運用「聲東擊西」之計，要解決好兩個問題：一是如何對敵使用此計，達成我之攻擊目的；二是怎樣判斷敵對我是否採用此計，實現我之防禦意圖。無論是攻還是守，都要努力使自己保持優勢和主動。

「擊」者要善於示假隱真

　　此計認為，對敵使用「聲東擊西」之計能否成功的關鍵在於：是否造成了「敵志亂萃」的條件。而要使敵心志昏亂，就要善於隱蔽自己的意圖，示假隱真，迷惑對方，用連環式的多個欺騙行動使敵人產生錯誤判斷。這樣的條件一旦形成，「聲東擊西」之計就有了成功的把握。

　　(1) **諾曼地登陸的示形藝術**。第二次世界大戰中，美英聯合艦隊進行的諾曼地登陸作戰就採取了聲東擊西的戰術。諾曼地登陸作戰是一次具有戰略意義的戰役，目的是為了開闢打擊德國、法西斯的第二戰場。實施此次戰役的美英聯合艦隊有五百艘艦隻，十七萬六千人的部隊和二萬輛軍車。為使這樣一支龐大的艦隊達到聲東擊西的目的，聯軍採取了

一系列行之有效的亂敵心智的措施。在登陸地點的選擇上，他們避開了距離英國最近、運輸便利、便於空軍支援的加萊地區，而選擇了距離較加萊地區多出三倍的諾曼第地區（前者距離三十九‧六公里，後者約一百四十公里）；建立假無線電網，故意使德軍無線電技術偵察部隊偵獲破譯，美英聯軍無線電網謊稱在英格蘭東部有美軍「第一集團軍群」，使德軍錯誤地認為這是美英聯軍在加萊登陸的主力；在英國東部各港口設置大量假登陸艦船和物資器材堆集場；美英空軍對加萊地區施行更為猛烈的轟炸，投彈量是諾曼第地區的三倍；在登陸前夕，派出飛機和艦隻對加萊和科坦丁半島實施佯攻；透過反情報系統和德國地下抵抗組織在德國佔領區散布美英聯軍要在加萊登陸的假情報，等等。這一系列措施，使德軍對諾曼第地區放鬆了戒備，而只注意加強加萊地區的防禦，在那裏配置了最精銳的第十五軍團二十三個師，而在諾曼第卻只有六個師和三個獨立團。在美英聯軍開始進攻諾曼第時，德軍甚至仍然認為那只是美英聯軍實施的牽制和佯攻，未能及時派兵增援。由於美英聯軍成功地使用了一系列欺騙手段，達到了「敵志亂萃」的目的，因而得以迅速攻佔並鞏固了登陸陣地，取得了此次戰役的勝利。

(2) 拿破崙「聲東擊東」。此計計名為「聲東擊西」，但並不是說，「聲東」就必定「擊西」，有時還須「聲東擊東」或「聲西擊西」。這需要根據敵軍指揮員的心理特點和當時的形勢而定。比如敵人指揮員逆反心理較重，就可反用此計，採用「聲東擊東」之計。一八〇五年，法軍在奧斯特里茨附近和俄奧聯軍決戰之前，拿破崙與俄皇代表道戈路柯夫進行談判，他讓傳令官故意洩露法軍的作戰計劃，計劃中說，法軍將在決戰開始後，攻擊俄奧聯軍的普拉琴高地。這位道戈路柯夫就是一位疑心很重的人，他得到這一情報後，反而認為這是拿破崙使用「聲東擊西」的詭計，自己偏不據守普拉琴高地，反而把軍隊從那裏調出去加強其他地方的防禦。這樣，拿破崙未費一槍一彈，就佔領了這一要地。拿破崙

這種「聲東擊東」的指揮藝術，是對「聲東擊西」謀略的靈活運用。

破解「聲東擊西」有途徑

使用「聲東擊西」之計的進攻者，在如何使用此計上處於主動地位，一般還不是很難；難的是防備者如何識破敵人的真實意圖，不為其製造的假象所迷惑。這裏既有許多成功的經驗，也有不少失敗的教訓。黃巾軍失宛城（治今河南南陽），德軍喪諾曼第，俄軍丟普拉琴高地等，都是因對敵人的真實意圖做出錯誤判斷而導致失敗的事例。而周亞夫守昌邑則與之相反，在敵人使用聲東擊西之謀時，他頭腦清醒，其「志」未亂，因而獲得成功。這樣的事例還可舉出一些。如元朝張弘範去濟南討伐李璮（音坦），將此城包圍起來，帥營設在地形比較險峻的濟南城西。李璮為了突圍，派兵向張弘範所在營以外的其他營寨都發動了攻擊。張弘範認為，城西最險，而李璮卻不來進攻，是故意向我示弱，這正說明他把突破口選在了城西。於是命令士兵在城西修築壁壘，內側埋伏士兵，外側深挖戰壕，白天打開營寨東門，夜間命士兵將溝壕挖得又寬又深。後來，李璮果然率軍帶著飛橋出西門來攻，被張弘範打得大敗。可見，敵人的「聲東擊西」之計並非不可識破。

從古今中外的許多戰例看，要在撲朔迷離、疑象叢生的戰場上準確判斷敵人的進攻方向，首先必須要充分利用間諜和其他偵察手段，獲取敵人內部的核心機密，如孫子所說，努力做到「先知」；二是掌握戰場態勢，對戰場上所出現的各

周亞夫像

種異常情況聯繫起來進行綜合分析，做出切合實際的判斷。敵人之謀再隱密，總有端倪可察，所謂「月暈而風，礎潤而雨」。發現異常，應及時進行偵察，要見異而疑，有疑則察。即使未見其異，也要進行如孫子所說的「形之」、「動之」、「角之」之類的活動以觀察敵人的動靜，切不可麻木不仁，聽之任之。三是在有疑而不明的情況下，要做好多種準備，掌握充足的機動部隊，在戰鬥打響後，冷靜觀察，不斷掌握新的情報，及時判明敵人的進攻方向，將好鋼用到刀刃上。四是力爭打主動仗，使敵人備我，擺脫我被動備敵的情況。孫子在《虛實篇》中說：「寡者，備人者也；眾者，使人備己者也。」講的就是這個道理。

「聲東擊西」原理在非軍事領域可廣泛借鑒

「聲東擊西」之計的基本原理在刑偵、審問、談判、辯論、商戰、醫療、教學等不同行業都可借鑒。如護士給怕打針者打針，常常會在用手指按一下病人另一部位的同時，迅速將針頭刺進應刺的地方。教師為了講清現實的某一問題時，卻先從「古時候」講起，「古時候」的故事講完了，現實問題也接近解決了。高明的檢察官在問案時，有時變「有意交談」為「無意交談」，在對方警覺鬆懈時，突然提出擊中其要害的問題，使之在猝不及防中露出馬腳。戰國時許多辯士在說服對手時大都長於此法。如觸龍（一作讋）為了說服趙太后同意派她的小兒子長安君去齊國做人質，以換取齊國出兵援救邯鄲，就先從問安、吃飯、讓自己的兒子充當侍衛等與派長安君為人質無關的問題談起，逐步講到怎樣才算為子女打算長遠等，終於使頑固的趙太后回心轉意。一些精明的企業家為了使自己的產品能在甲國中賣個好價錢，首先

錯金銅虎符：古代用來調兵的信物

千方百計叩開乙國之門，在乙國有了市場之後，以此做為在甲國抬高這一產品價格的籌碼等。這些都包含著「聲東擊西」的原理。

【按】西漢，七國反，周亞夫堅壁不戰。吳兵奔壁之東南陬，亞夫便備西北。已而，吳王精兵果攻西北，遂不得入。此敵志不亂，能自主也。漢末，朱雋圍黃巾於宛，起土山以臨城門，鳴鼓攻其西南，黃巾悉眾赴之。雋自將精兵五千，掩東北，遂乘虛而入。此敵志亂萃，不虞也。然則聲東擊西之策，須視敵志亂否為定。亂，則勝；不亂，將自取敗亡：險策也。

【按語今譯】西漢景帝時，吳王劉濞等七國發動叛亂，周亞夫奉命討伐，率兵來到昌邑（今山東巨野東南），堅守城壘，拒不出戰。當吳兵向城東南角集中時，周亞夫卻命令軍隊加強城西北角的防守。不一會兒，劉濞的精兵果然來攻城西北角，因漢軍預有準備而未能得逞。這是漢軍指揮員清醒果斷，不被敵人聲東擊西的假象迷惑的戰例。東漢末年，朱雋在宛城圍攻黃巾軍，他築了一座小土山，用來觀察城內動靜，擂鼓下令攻打城西南角。黃巾軍便全都向城的西南角集中迎戰。朱雋乘機親自率領五千精兵突然猛攻城的東北角，遂輕而易舉地攻入城中。這是黃巾軍指揮員心志混亂，不善設備，而為敵軍聲東擊西所迷惑的戰例。所以，是否實施聲東擊西之策，必須根據敵人指揮員思維是否混亂而定。如果敵人心志混亂，運用此計，就可取得成功；如果敵人頭腦清醒，運用此計，自己反而會遭到失敗。所以，這是一條冒險的策略。

第二套
敵戰計

第七計
無中生有

誑也，非誑也，實其所誑也。少陰，太陰，太陽。

　　欺騙敵人，但並非完全是弄虛作假，在適當時候就要弄假成
真，由虛變實，以出其不意地打擊敵人。此計的原理是《易》理中
少陰、太陰、太陽三象互相轉化、相互爲用的道理。

「無中生有」是示「無」誆敵、打其不意的妙計

此「無中生有」非彼「無中生有」

《三十六計》中的「無中生有」與我們現在常說的「無中生有」意義大不相同。我們現在俗語說的「無中生有」往往與「無事生非」、「捏造罪名」、「栽贓陷害」等詞連用，是個貶義詞；而《三十六計》中的「無中生有」則是一條運用「有無相生」原理進行誆騙敵人達成致勝目的的軍事欺騙謀略。

「有無」這對範疇，最早見之於《老子》：「天下萬物生於有，有生於無。」「有」是指事物的存在，包括有形、有名、實有等；「無」是指事物的不存在，包括無形、無名、虛無等。《老子》認為「無」是產生「有」的本原，所以說「有生於無」。兵家將這一範疇引入軍事領域，其含義已有很大變化。《尉繚子‧戰權》中說：「戰權在乎道之所極，有者無之，無者有之，安所信之？」這裏的「有」和「無」大體上相當於孫子說的「實」和「虛」。「有者無之，無者有之」是一種「有無相生」的誆敵之術，另外還應有「有者有之，無者無之」。這四種手段交相使用，使敵不知我採取的是哪一種，這就使「有無相生」之術有了很大的變化空間。「無中生有」是其中諸多變化中的一種，其操作的基本程式是：透過「示無」的手段使敵人產生錯覺，在其認為我「無」時，以「有」（強大的軍事力量）攻擊敵人，從而達成出其不意、攻其無備的目的。這就是此計正文中所說的「誆也，非誆也，實其所誆也」的含義。

說到誆，很多人都會想到「狼來了」的故事。故事的大意是說，一個小孩在山上放羊，他突然想欺騙一下那些平常總自以為是的大人們，

以達到心理上的某種滿足，於是就拉著嗓門兒大喊「狼來了」。在山下幹活的人們聽到喊聲後，趕緊跑上山來打狼，但很快他們就發現上了小孩的當。這小孩後來又這樣做了幾次，大人們就誰也不再相信他了。有一次，狼真的來了，小孩無論怎樣叫喊，別人都不再理他，結果，他的羊就被狼叼走了。這個故事的本意是教育孩子不要說謊，但其中的哲理卻給軍事理論的研究者和實踐者們提供了有益的啟示：如果甲方在一段時間內反覆聽到或看到警報信號，而實際上並沒有發生警報中所預報的行動，那麼，一旦乙方真的採取警報所預報的行動時，甲方往往會聽而不聞，視而不見。軍事家們正可利用這一原理達成軍事欺騙的目的。

「無中生有」的計「眼」是個「誑」字

「無中生有」這一欺騙謀略能否成功的首要條件在於「示無」能否奏效，即是否使敵確信你「無」，如果達到了這一目的，「無中生有」之計可以說就成功了大半。因此，那些高明的軍事指揮員都把大量的精力和物力用在這上面。而所謂「示無」，就是誑騙，所以此計的中心字是一個「誑」。此計正文中一句話講了三個「誑」字，道理就在這裏。

在中外戰爭史上，運用這一謀略取得成功的戰例可以說是屢見不鮮。此計「按語」中講了張巡「借箭」縋人的故事，下面我們再舉兩例。

(1) **賀若弼「誑」敵渡江**。隋文帝楊堅為了攻陳，早在開皇元年（五八一年），就命令賀若弼為吳州總管，鎮守廣陵（治今江蘇揚州），作滅陳準備。賀若弼為了迷惑陳軍，只買了五、六十隻破舊的船隻放在陳人隔岸就能看到的地方，於是陳人一直認為

張巡像

賀若弼無船渡江，因而放鬆了戒備。臨戰前，賀若弼讓沿江各部隊在換防時都到廣陵集結，沿途廣插旗幟，遍布營壘。陳人以為隋朝大部隊到了，趕緊發兵備戰，後來聽說是隋軍換防，才又散去。隋軍這樣做了幾次之後，陳人再碰到這樣的情況，就見怪不怪，不作防衛的準備了。賀若弼還經常讓士兵沿江打獵，故意讓人馬大聲喧鬧，陳人開始看到這種情況時很緊張，後來也就熟視無睹，不再當回事了。由於賀若弼採取了這種「有」而示「無」的策略，使陳軍放鬆了警惕，所以賀若弼在開皇九年正月初一乘陳朝上下歡度元會之際，率軍輕而易舉地渡過了長江，攻下了京口（在今江蘇鎮江），為攻佔陳都建康（今南京）建立了前進基地。

(2) 以色列被「詐」遭襲。國外戰爭中也不乏「無中生有」之例。一九七三年十月六日，埃及、敘利亞軍隊突破以色列「巴列夫防線」的戰役，就是在現代條件下進行的一次「無中生有」的成功戰例。早在年初，埃及和敘利亞兩國就制定了代號為「火花」的打擊以軍的作戰計劃，為隱蔽自己的戰役企圖，據說兩國預定採取二百項偽裝措施，後來實際施行了一百九十八項。其中如開展積極的外交活動，大力宣傳「政治解決」中東問題的主張；大造以色列要發動進攻的輿論，為以防禦為名，向前線調動部隊尋找藉口；舉行例行性軍事演習，向蘇伊士運河調去一個旅，演習完後，僅撤回其中的兩個營，給以軍造成全部撤回駐地的假象，實則是用這種手段向前線集結兵力；在開戰前，讓前方與後方都保持一片和平景象，如讓士兵在河裏游泳、洗曬衣服等，不使以軍有任何異樣的感覺。另外，十月六日這一天是以色列人的贖罪節，也是阿拉伯人齋月裏的一天。按照傳統習慣，阿拉伯人在齋月裏白天不吃飯、縮短工作時間。以色列人在贖罪日則大都放假，一天不吃、不喝、不吸煙等，軍官和士兵在家裏過節或到教堂裏參加宗教活動。以色列情報機關雖然在戰前獲得了埃、敘軍隊集結的情報，但他們認為埃軍演習是

「例行性活動」，部隊調動是「防禦性的」，認定他們不會在這一天發動進攻，因此放鬆了戒備。當埃及隱蔽在運河兩岸的二千門大炮向以色列前沿陣地猛烈開火、八千名埃及步兵渡過運河後，以色列人才如夢方醒。由於埃、敘軍隊成功地運用了「無中生有」的手段，因而在第四次中東戰爭中得以首戰告捷。

破解「無中生有」之計有道

作為防禦的一方，對敵人可能施行的「無中生有」之計並非無能為力，只要做好情報工作，善於進行由表及裏、去偽存真的分析和必要的作戰準備，就可防患於未然，變被動為主動。元成宗元貞二年（一二九六年），高成王闊里吉思與諸王守邊。諸王認為，敵人往年冬天都沒有出兵犯境，今年更沒有用兵跡象，我們可以好好休息一下了。闊里吉思卻說：「今年秋天敵人騎兵很少出來活動，這種現象很反常。古人說，鷙鳥將擊，必匿其形。現在正是這種形勢。我們更應做好打仗的準備才對。」果然這年冬天敵人大舉入侵，闊里吉思由於準備充分，打了三仗，都取得了勝利。可見任何軍事行動在實施之前，不管怎樣隱蔽，總是有端倪可察、有徵候可尋的。中國古代的軍事家們總結出了許多這方面的經驗教訓。如《六韜·武韜》中說：「鷙鳥將擊，卑飛斂翼；猛獸將搏，弭耳俯伏。」《古詩源》中說：「將飛者翼伏，將奮者足跼（音局），將噬者爪縮，將文者見撲。」《孫子兵法》總結出三十二種相敵之法，等等。這些論述對我們識破「無中生有」之計有一定的啟示作用。在現代高科技條件下，人們的偵察手段有了很大的提高，如有了偵察衛星、高空偵察機等，為識破「無中生有」之計提供了更為有利的條件。

「無中生有」在非軍事領域時有所見

將「無中生有」之計運用到政治、經濟等領域中的事例屢有所見。

如漢元帝時，宦官石顯專權自恣，權傾朝廷，經常假借聖旨以售其奸。他擔心有人在皇帝面前揭露他，就採取了「無中生有」之計以固寵。有一天他被皇帝派到宮外辦事，臨走時特地對皇帝說，自己夜間可能回來得晚，如果宮門已閉，請詔准開門。漢元帝順口答應了。這天，石顯故意拖到很晚才回宮，對守門人說，皇帝有詔，命給他開門。後來，果然有人上書告發石顯假傳聖旨擅開宮門，漢元帝看了，只是笑笑。石顯乘機向皇帝哭訴說，現在很多人嫉妒陷害他，他要求辭去現職，到後宮掃地，以求活命。漢元帝果然很同情他，多次慰勞勉勵，並賜厚賞，告發他的人卻因此受到了打擊。石顯平時在「無」聖旨時經常假傳聖旨；在討得聖旨後（「無中生有」），卻故意賣個破綻，讓人來攻，從而達到了固寵和打擊異己的目的。

當前，市場上經營獎券的生意很火爆。絕大多數獎券都無獎，買獎券者大都一無所得或得不償失，但買的人仍絡繹不絕，原因就在於「無中生有」的原理在顧客心裏起作用。獎券如果都「無」獎，自然不會有人來買；但在絕大多數「無」獎，偶爾能「生」出個「有」時，許多人就想來碰碰運氣，希望得到它了。於是經營者就大獲其利。

【按】無而示有，誑也。誑不可久而易覺，故無不可以終無。無中生有，則由誑而真、由虛而實矣。無不可以敗敵，生有則敗敵矣。如：令狐潮圍雍邱，張巡縛藁為人千餘，披黑衣，夜縋城下，潮兵爭射之，得箭數十萬。其後復夜縋人，潮兵笑，不設備，乃以死士五百斫潮營，焚壘幕，追奔十餘里。

【按語今譯】「無」，卻向人顯示「有」，這是一種欺騙。這種欺騙不能長久，長久了就容易被敵人察覺。所以，「無」不能到最後還是「無」。無中生有，要由假變真，由虛變實。「無」是不能打敗敵人的，「無」變成了「有」，就可以打敗敵人了。比如：唐朝安史之亂時，叛將

令狐潮包圍雍邱，守將張巡命令士兵紮好一千多個草人，給它們穿上黑衣服，用繩子繫好，在夜間縋到城下。令狐潮的士兵看到了，以為唐軍真的有人縋城，就爭著向草人射箭，張巡因此得了幾十萬支箭。後來張巡又在夜間縋人，卻受到令狐潮士兵的嘲笑，對城內縋人也就不再防備。於是，張巡乘夜縋下五百名士兵，衝殺令狐潮的軍營，焚燒他的營壘帳篷，一直追殺了十多里地。

第八計
暗渡陳倉

計文

示之以動，利其靜而有主。益動而巽。

今譯

先向敵人顯示一種虛假的行動，再利用敵人固守不動的機會偷
襲。如《易·益》卦中所講的表面卑順而在暗中行動，就能成功。

「暗渡陳倉」的計義是用虛假手段掩蔽真實行動

「暗渡陳倉」與「聲東擊西」同中有異

「明修棧道，暗渡陳倉」，講的是漢王劉邦用示假隱真手段從漢中（今屬陝西）出兵攻擊雍王章邯的故事。西元前二〇六年，劉邦接受韓信的建議，讓人明著修建褒斜棧道，將敵人的注意力吸引過來，暗中卻讓韓信繞經故道（在今鳳縣、寶雞之間）奔襲陳倉（在今陝西寶雞市東），從而大敗措手不及的章邯，一舉佔領雍地（今陝西中部、咸陽以西和甘肅東部地區）。後用此成語比喻用虛假手段掩蓋真實目的，使敵人做出錯誤判斷，我乘機出敵不意採取行動，從而取得成功。此計正文中說：「示之以動，利其靜而有主。益動而巽（音遜）。」講的正是這個意思。

在《三十六計》中，「暗渡陳倉」和「聲東擊西」都是示假隱真的謀略，二者有相同之處。比如「明修棧道」即是「聲東」；「暗渡陳倉」則是「擊西」。因二者在內容上有重疊的部分，所以人們往往將其等同起來，此計「按語」的結尾一句「姜維不善用『暗渡陳倉』之計，而鄧艾察知其『聲東擊西』之謀」，說明「按語」的作者就是這樣理解的。其實，這兩計還是有些區別的。一則「聲東擊西」是「利其不自主而取之」（見此計正文），即利用「聲東」造成敵人思想混亂，在敵猶豫不決、缺乏統一指揮之際攻其不虞，有亂中取勝之意。「暗渡陳倉」是「利其靜而有主」，即經過「明修棧道」這一「示形」手段，使敵人做出錯誤判斷，在其對這種判斷堅信不移、固守不動時，從另外的路線通過。二則「聲東擊西」側重講「擊」，是一種攻擊性謀略；「暗渡陳倉」著重講「渡」，即「通過」，這種「通過」實際是一種迂迴行進的策略，

它既可用之於攻擊，也可用之於部隊調動，還可用之於逃跑。韓信「暗渡陳倉」是用之於攻擊；檀道濟「唱籌量沙」則是用之於逃跑。所謂「唱籌量沙」，實際是「明修棧道」的另一種形式而已。此書將「聲東擊西」劃屬「勝戰計」，而將「暗渡陳倉」歸類於「敵戰計」，大概也與這一思考有關。

「暗渡陳倉」成否的關鍵在「明修棧道」做得是否逼真

　　古今中外採用「明修棧道，暗渡陳倉」的戰例很多，其能否成功的首要條件是「明修棧道」這一步是否達成了欺騙敵人的目的。

　　(1) **姜維敗、魏軍勝的主要原因都在於「明修棧道」**。姜維偷襲洮城（今甘肅臨潭）沒有成功，就是因為他的「明修棧道」這一招被鄧艾識破了。鄧艾事先有了準備，姜維的「暗渡陳倉」反為鄧艾所制，因而遭到失敗。而魏攻蜀兩次使用此計，卻均獲得成功，首要原因是「明修棧道」的「戲」作得逼真。一次是司馬昭為了大舉攻蜀，卻先命青、徐、兗、豫、荊、揚諸州大造戰船，聲言伐吳，這樣，一則麻痺了蜀國，二則牽制了吳軍，使之在魏軍攻打蜀國時未敢出兵援救。第二次是鄧艾乘鍾會與姜維在劍閣（在今四川廣元南）相持之際，率軍偷襲陰平（在今甘肅文縣西北），穿行險路七百餘里，未遇一敵，突然出現在江油（在今四川平武東南），迫蜀將馬邈（音秒）投降，而後破綿竹（今四川德陽），下成都，一舉

三國棧道遺址

滅蜀。

(2) **韓信、傅友德「暗渡陳倉」**。韓信可謂是善於使用此計的高手，他不但在建議劉邦從漢中東出時使用了這一招，而且在破魏王豹的戰役中也成功地使用了此法。在這場戰役中，韓信一方面做出渡黃河攻蒲阪（今山西永濟西）的架勢，在蒲阪對面河上擺出許多戰船，使魏王豹不得不在此以重兵防守，與漢軍隔黃河對峙；一方面親率主力北上，從夏陽（今陝西韓城南）用木罌缶（大腹小口的渡水工具）輕易偷渡黃河成功，然後突然襲擊魏軍後方重鎮安邑（今山西夏縣西北）。魏王豹回救不及，致遭失敗。明將傅友德攻明玉珍，聲言出金牛道，實則暗引精兵五千出陳倉，攀山越谷，日夜兼行，水陸並進，攻克重慶，也是採取此法。

(3) **拿破崙偷越阿爾卑斯山**。西元一八〇〇年，拿破崙為越過阿爾卑斯山大聖伯納德山口，從側後襲擊奧軍，採取了一系列欺騙活動。他讓莫羅指揮的萊茵戰線的十萬大軍在巴伐利亞一帶活動，以吸引奧軍的力量。同時製造假情報，讓人風傳他在瑞士附近的第戎建立了一支預備隊，因此吸引了敵方許多間諜趕來刺探情報。他還在那裏「檢閱」了這支不到七、八千人、大部分沒有穿制服的預備隊，其中有很多新兵和傷殘人員。奧軍的間諜們將獲得的這些假情報飛快地傳到了倫敦、維也納和義大利。奧軍總司令梅拉斯據此得出結論：「拿破崙根本就沒有什麼預備隊，他只是企圖以此來迷惑我們，迫使我們解除對熱那亞的包圍。」並對這一結論堅信不移，因此，對拿破崙放鬆了警惕。由於拿破崙成功地騙過了敵人的耳目，他的真正的預備隊才得以在法國東南部靠近瑞士邊境處秘密而迅速地集結。這支預備隊的戰鬥人員達3萬6千多人，擁有四十門大炮。他們按照拿破崙的命令，神不知鬼不覺地開始了穿越阿爾卑斯山隘道的行動，克服了天寒地險等種種困難，終於通過了這一歐洲天險，突然出現在梅拉斯軍的後方。這一行動為他取得義大利

戰役的勝利奠定了基礎。拿破崙穿越阿爾卑斯山的成功，與韓信的「明修棧道，暗渡陳倉」、鄧艾的偷渡陰平有異曲同工之妙。

「暗渡陳倉」的目的是出敵不意

「明修棧道，暗渡陳倉」，是為在戰略、戰法、戰術等不同層面達成出敵不意目的而採取的軍事欺騙手段，即使在現代戰爭中也被廣泛使用。第二次世界大戰時，希特勒為欺騙波蘭、蘇聯等國，日本為欺騙中國、美國等，都曾採取這樣的手段。如日本為偷襲珍珠港，就以此計欺騙了美國。一九四一年二月，日本政府派海軍大將野村吉三郎為駐美大使，與美國人周旋，野村在戰前九個月的時間裏（日本襲擊珍珠港的時間是一九四一年十二月八日），光與美國總統羅斯福、國務卿赫爾會談就有五十四次之多；日本近衛文麿（日本人名用字，讀mó）在七月還致函羅斯福，保證日本「絕不侵犯英、美在南洋的利益」；直到十二月八日，日本談判代表還在會見赫爾，照會美國政府，宣稱日本絕「不拒絕談判的機會」。與此同時，日本還竭力製造要與蘇聯打仗的假象，表示自己無意南下。一九四一年七月，日軍在中國東北舉行了代號為「關特演」的大規模軍事演習；這年秋天，日本又在中國東北大肆增兵，總人數由原來的四十萬增至七十萬。日本國內的《朝日新聞》等新聞媒體也在夜以繼日地宣傳要和平、反對戰爭的內容。日本的這些欺騙手段成功地達到了麻痹美軍的

遭到偷襲時珍珠港的全景，從日軍飛機上拍攝。美國被激怒，由此全力投入第二次世界大戰

目的。所以，日軍偷襲珍珠港基本上沒有遭到駐島美軍的有效抵抗。據有關資料統計，這次突襲時間僅約一個半小時，炸沉炸傷美軍各種艦船四十餘艘，擊毀美軍飛機一百八十八架，美軍傷亡四千五百餘人。日本襲擊珍珠港事件從戰略上看是失敗的舉措；但從戰役上看，卻無疑是成功的，其成功的秘訣之一，就是在戰前巧妙地使用了「明修棧道，暗渡陳倉」之計。

謹防受人「暗渡陳倉」之騙

「明修棧道，暗渡陳倉」這一成語來自於軍事實踐，但在現實生活中，也不乏使用此計者。一些不法分子就常用這種手段達到欺騙的目的，掌握此計的底蘊，對於我們識破他們的陰謀詭計，不受騙或少受騙會有幫助。

報載，某鎮「政法辦」打著「嚴厲打擊嫖娼賣淫」的旗號，暗中串通二○六國道路邊店主，設置圈套，利用賣淫婦女勾引來往過客，然後由店老闆「抓姦」報案，由「政法辦」「審問」嫖客，對之處以高額罰款。嫖客有苦難言，只能用認罰來換取對方為自己「保密」的承諾。該「政法辦」在不到一年的時間裏採用此法共抓「嫖娼案」一百零八件，罰款三十四萬多元。所得錢財與店老闆、賣淫婦女私分，另外還發「月終獎」、「年終獎」等。他們的「打擊嫖娼賣淫」，乃是「明修棧道」，賣淫詐錢則是「暗渡陳倉」。再如，某緝私隊以反文物走私而名聞海內，某大報曾以整版篇幅刊登了一篇題為《盜墓走私者與他們的剋星》的報告文學，頌揚他們的事蹟。但後來查明，這個緝私隊並不是反走私的英雄，而是一群利用手中職權大肆走私文物的敗類。他們所採取的手法也是「明修棧道，暗渡陳倉」。此計和其他機竅一樣，其本身沒有好壞可言，關鍵看掌握在誰的手裏，為什麼使用，怎樣使用。《陰符經》中說：「君子得之固躬，小人得之輕命。」講的大概就是這個道理了。

【按】奇出於正，無正則不能出奇。不明修棧道，則不能暗渡陳倉。昔鄧艾屯白水之北，姜維遣廖化屯白水之南而結營焉。艾謂諸將曰：「維今卒還，吾軍少，法當來渡，而不作橋，此維使化持吾，令不得還，必自東襲洮城矣。」艾即夜潛軍，徑到洮城。維果來渡。而艾先至據城，得以不破。此則是姜維不善用「暗渡陳倉」之計，而鄧艾察知其「聲東擊西」之謀也。

【按語今譯】奇以正作為自己存在的條件，沒有正就不能出奇。劉邦如果不採用韓信的建議，明著修築棧道，也就不能成功地東出陳倉。三國時，魏將鄧艾駐軍白水之北，蜀將姜維派廖化在白水之南紮營。鄧艾對手下將領們說：「姜維突然來到，我兵力少，按道理，他應馬上渡河攻擊我。但他一直沒有造橋；這是姜維讓廖化和我在這裏相持，使我不能回還，他必然是東向襲擊洮城去了。」於是鄧艾馬上連夜悄悄趕回洮城。姜維果然前來渡河，因鄧艾事先趕到，佔據城池，使城沒有被攻破。這個戰例說明，姜維不善於運用「暗渡陳倉」之計，而鄧艾則在事先察覺了他的「聲東擊西」之謀。

第九計
隔岸觀火

計文

　　陽乖序亂，陰以待逆。暴戾恣睢，其勢自斃。順以動，
豫；豫，順以動。

今譯

　　敵人內部鬥爭公開化，秩序混亂，我就可以暗中等待它發生變
亂。如果敵人殘暴，肆無忌憚，則勢必自行滅亡。這就是《易‧豫》
中講的，順應事物自然之性而行動，就會取得成功；要取得成功，
就應順應事物的自然之性去行動。

「隔岸觀火」是轉化矛盾、不戰而勝的謀略

曹操沒有講明白的奧秘

此計的「按語」用了曹操不戰而服遼東的故事來闡釋「隔岸觀火」之計的含義。此事發生在漢獻帝建安十二年（二〇七年），曹操率大軍出盧龍寨（今喜峰口至冷口），直指柳城（今遼寧朝陽南，為當時烏桓政治中心），大敗蹋頓單于及袁尚、袁熙兄弟，蹋頓被斬，袁氏兄弟投奔遼東太守公孫康。在當時情勢下，曹操料定他對遼東（治所在今遼寧義縣）緩而不攻，公孫康會自動把袁尚兄弟的人頭送來，事實證明，他這一判斷是正確的；但他對公孫、袁氏兩家為什麼會「急之，則併力；緩之，則相圖」的道理卻並沒有講清楚，這是因為他沒有掌握現代哲學理論，只知其然、不知其所以然的緣故。要揭示此事的奧秘，還須用現代哲學對之進行闡釋。

馬克思主義哲學認為，主要矛盾和次要矛盾在一定條件下可以互相轉化。在當時情況下，如果曹操出兵攻打遼東，公孫康、袁氏兄弟與曹操的矛盾會成為主要矛盾，而公孫康與袁氏兄弟之間的矛盾就成了次要矛盾，因此，他們會暫時地聯合起來，共同對付曹操。而當曹操領兵遠去，遼東外部

曹操像

矛盾解除以後，公孫康與袁氏兄弟之間的矛盾就會上升為主要矛盾。由

於他們之間的矛盾是對抗性的，是吞併和反吞併的，這就決定了他們之間的鬥爭是不可調和的，是你死我活的。「強龍壓不過地頭蛇」，袁氏兄弟在這場鬥爭中必定會遭到失敗。這就是曹操得出「吾方使康斬送尚、熙首來，不煩兵矣」這一結論的邏輯所在。

主要矛盾和次要矛盾在一定條件下可以互相轉化，這是一條用之四海而皆準的真理。用這一原理去看曹操不戰而服遼東，就可以窺見其哲學底蘊了。懂得了主、次矛盾在一定條件下可以互相轉化的道理，就可在不同形勢下準確地判定誰是真正的敵人，誰是真正的朋友，誰是暫時的敵人，誰又是暫時的朋友，從而利用矛盾，因勢定策，用小力而獲大功。

美國對蘇聯就是這樣「不戰而勝」的

在美國和蘇聯相互對峙的兩極時代，由於其外部矛盾比較突出，所以蘇聯的一些國內矛盾處於次要和服從地位，被壓抑或被掩蓋下來。後來美國對蘇聯採取了緩和外部矛盾以促其內部矛盾突出的策略，從而達到了「不戰而屈人之兵」的戰略目的。早在一九七八年十一月，美國著名「智庫」斯坦福研究所「戰略研究中心」領導人福斯特就向美國國防部及國務院提出了「上兵伐謀」的對蘇新戰略。前美國總統尼克森也主張對蘇聯採取「以正合，以奇勝」的戰略。所謂「以正合」，就是保持強大的軍事力量和西方牢固的聯盟與蘇聯正面對峙；所謂「以奇勝」就是以「緩和」達成「退一步，進兩步」的目的。這一奧秘在他後來寫的《真正的戰爭》一書中透露了出來。他在另一本叫做《一九九九不戰而勝》的書中把這一戰略直稱之為「不戰而勝」。前美國總統國家安全顧問布勒金斯基也認為，隨著核時代的到來，應以孫子的「上兵伐謀」、「不戰而屈人之兵」作為美國與蘇聯鬥爭戰略的總方針。正是基於此，美國才向蘇聯「友好」起來，蘇聯則由於外部矛盾緩和，內部矛盾就像

打開了「潘多拉」盒子裏的魔鬼一樣，都紛紛跑了出來，終於導致了東歐巨變和蘇聯的分裂。美國則「隔岸觀火」，有時還裝出一副悲天憫人的樣子，實際上他們的內心是比誰都高興的。中國有句古話，叫做「敵去招過，敵滅招禍」，講的就是蘇聯這種情形。事實證明，美國的「緩和」戰略是比原子彈要厲害得多的武器。可惜很多人並沒有真正認識到這一點。現在美國對中國使用的「影響」戰略（美國國務卿萊斯語），主要包括兩手：一是在軍事上實行牽制、遏制、壓制的硬手段；一是利用「民主」、「人權」為武器的軟手段。而這兩手，只不過是他們當年對蘇聯的故伎重演而已。

「隔岸觀火」其實並不只是「觀」

所謂「隔岸觀火」，只是一種比喻，並非說對「隔岸」之「火」，只是「觀」而不動；相反，要有所作為，是必須既「觀」又「動」的，只不過這種「動」往往不是直接捲入罷了。要用此計，首先，要想辦法讓「隔岸」的「火」燒起來，必要時，還須自己去「點」。如戰國時，蘇秦用反間計挑起齊國與趙國之爭；張儀用欺楚誤楚的方法拆散了齊楚聯盟；魏惠王在桂陵、馬陵之戰後向齊折節求和，然後派人挑撥齊、楚關係，挑起了齊、楚徐州之戰，齊軍戰敗，魏「坐山觀虎鬥」，出了一口惡氣等。這些「觀火」者都是直接或間接的「點火」者。其次，在「隔岸」之「火」燒起來以後，要乘機取利，而不能守株待兔。如韓魏大戰，秦惠王向陳軫問計，秦該不該出兵相救。陳軫用

諸葛亮像

敵戰計 第二套

083

「卞莊刺虎」的故事為喻，建議暫不相救，乘「大國果傷，小國亡」之際，「興兵而伐，大克之」，即是此意。如果只「觀」不動，就有可能利為人得。天上是從來不會自動掉餡餅的。

「隔岸觀火」的原理說起來並不很複雜，但要運用得高妙，卻是大有學問。《三國演義》第五十一回講了一段諸葛亮坐得荊襄的故事，雖不盡符合史實，但極合情理，對我們理解如何運用此計很有啟發。赤壁戰後，周瑜必乘勢攻南郡（在今湖北江陵東北），所謂「南郡已在掌中」。這一點孔明料到，曹操也已料到；而曹操料到，又在孔明料到之內。曹操料到，故令曹仁持破敵之策固守南郡。孔明料到曹操會設兵堅守，所以吳軍必急難攻下此城。孔明要取南郡，設鷸蚌相爭、從中漁利之法最好，既可不戰而奪地，又可讓周瑜沒話說。周瑜率軍果然與曹仁拼命廝殺。孔明則派趙雲伏於南郡城郊，他算定，無論哪家得勝，必會追擊對方，伏兵即可乘勢奪城。後來吳將甘寧殺敗曹仁，果然揮兵掩殺，周瑜等大隊人馬在後，鞭尚未及馬腹，埋伏在城郊的趙雲已乘機奪佔了南郡。然後他又以南郡兵符星夜詐調荊州守軍來援，卻教張飛又乘機襲了荊州；又用兵符去襄陽詐稱曹仁求救，誘曹兵出援，關羽又乘機襲取了襄陽。至此，孔明未折一兵而得南郡、荊、襄三郡；周瑜拼命廝殺，卻一無所得。《三國演義》所描寫的諸葛亮使用的這一連串的「隔岸觀火」、乘機取利之計，真可謂是環環相扣、妙不可言，讀後足可使人拍案叫絕；掩卷而思，又可使人舉一反三，益智增慧。

經營管理者要掌握「觀火」的主動權

經營管理者在市場競爭中要做一個清醒的「觀火」者，而不成為盲目的被「觀」者，就須善於冷靜觀察，深刻分析，發現矛盾，巧妙運用，掌握競爭的主動權。但目前中國「觀」於人而不能「觀」人的事情卻時有所聞。如某些地區為吸引外資，競相給外商以過多的優惠條件，

造成諸多弊端。外商「隔岸觀火」，乘機取利；國人受制於人，資源廉價外流。事實證明，大量吸引外資，對解決國內資金不足、引進先進技術、增加就業機會等確有好處；但外資滲透過多，也有弊端，國人亦不可不知。加拿大在一九七五年引進外資的產品曾佔國民生產總值的百分之四十二，過量的外資使加拿大缺少獨立性，經濟結構、地區布局極不合理，國家經濟因對外資依附性太大而變得很不穩定，國內許多公司被外企所吞併。後來加拿大不得不採取一些矯枉過正的措施，如：一九七一年通過《發展公司法案》，對本國企業給予資金援助；一九七三年頒布了《外國投資審查法》，對於那些能給本國帶來重大利益的境外資金才允許引進。此後，外資有所減少，但仍留下了一些後患。經驗教訓告訴我們，引進外資必須要堅持一條最基本的原則，這就是：要資為我用，不要我為資用，把主動權真正掌握在自己手裏。

【按】乖氣浮張，逼則受擊；退而遠之，則亂自起。昔袁尚、袁熙奔遼東，尚有數千騎。初，遼東太守公孫康恃遠不服，及曹操破烏丸，或說操遂征之，尚兄弟可擒也。操曰：「吾方使康斬送尚、熙首來，不煩兵矣。」九月，操引兵自柳城還，康即斬尚、熙，傳其首。諸將問其故，操曰：「彼素畏尚等，吾急之，則併力；緩之，則相圖，其勢然也。」或曰：此兵書火攻之道也。按兵書《火攻篇》前段言火攻之法，後段言慎動之理，與「隔岸觀火」之間亦相吻合。

【按語今譯】在敵人內部出現明顯爭鬥跡象時，先不要進逼他們。否則，就會遭到他們的聯合反擊。我遠遠地避開他們，他們內部就會發生變亂。從前，袁紹的兒子袁尚、袁熙被魏軍打敗後逃到遼東，當時他們還有數千騎人馬。起初，遼東太守公孫康依仗著他遠離中原，駐地偏遠，不肯服從曹操。當曹操打敗烏丸（也作「烏桓」）之後，有人勸曹操順便征伐他，這樣就可俘獲袁尚兄弟了。曹操說：「我正要讓公孫康

自己斬殺袁尚、袁熙，把他們的人頭送來，不勞我們用兵了。」九月，曹操率兵從柳城返回，公孫康果然殺了袁氏兄弟，把他們的人頭送來了。眾將都來問曹操這是怎麼回事兒，曹操回答說：「公孫康一直都懼怕袁尚等吞併他。如果我用兵急攻，他們就會聯合起來抗擊我；我緩而不攻，他們就會自相火拼，這是形勢使他們這樣。」有人說：這是《孫子兵法》中講的火攻的道理。《孫子兵法‧火攻篇》前段講火攻的方法，後段講慎於用兵的道理。這與「隔岸觀火」之計的意思也相吻合。

第十計
笑裏藏刀

計文

信而安之，陰以圖之，備而後動，勿使有變。剛中柔外也。

今譯

使敵人相信我傳出的虛假情報因而麻痺鬆懈，安然不動，我則暗中圖謀襲擊它；在做好充分準備後就採取行動，不要使敵人中途變卦。這就是《易‧兌》中講的「剛中柔外」的道理。

「笑裏藏刀」的含義是假示友好，暗中偷襲

「笑裏藏刀」是假示友好、打敵不意的軍事欺騙謀略

「笑裏藏刀」原是一個感情色彩十分強烈的貶義詞，其原意是比喻某人外表和氣友好，內裏陰險毒辣。《舊唐書・李義府傳》中說，李義府「貌狀溫恭，與人語，必嬉怡微笑，而偏忌陰賊。既處權要，欲人附己，微忤意者，輒加傾陷。故時人言義府『笑中有刀』，又以其柔而害物，亦謂之『李貓』」。《新唐書・李義府傳》將「笑中有刀」改為「笑中刀」。也有將「笑裏藏刀」簡化為「笑裏刀」者，如白居易《勸酒十四首》中即有「且滅嗔中火，休磨笑裏刀」的詩句。

《三十六計》中的「笑裏藏刀」已在感情色彩上變為中性詞，在內容上它不僅僅是指處理人際關係的陰謀權術，更主要的是指在政治、外交、軍事鬥爭中運用「友好」、「和平」等手段掩人耳目，以打敵不意的欺騙謀略。在階級社會裏，這似乎是一條永遠也用不陳、使不舊的謀略，古今中外都有人使用，又都有人上當。將來也不會例外。

「笑裏藏刀」既然是一種「剛中柔外」之謀，那麼，使用此謀者自然須具備剛柔兼備的特質；否則，當剛不能剛，應柔不會柔，是很難施行此計的。所謂「剛」，就是剛強，什麼叫剛強呢？克勞塞維

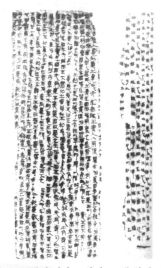

《戰國縱橫家書》。蘇秦、張儀是他們中的佼佼者

茨說：「剛強的人不是指僅僅能夠激動的人，而是指即使在最激動的時刻也能保持鎮靜的人。所以，這種人儘管內心很激動，但他們的見解和信念卻像在暴風雨中顛簸的船上的羅盤指針，仍能指出方向。」（《戰爭論》第一卷第三章）。此計「按語」中所說的勾踐和曹瑋無疑都是這樣的人。但和任何優點再前進一步就會變成缺點一樣，剛強過度就不是優點而是缺點了。古人說：「太剛則折」，「強梁者不得其死」，講的都是這個意思。所以它必須與柔結合起來，才會成為優良的特質。所謂「柔」，主要指的是靈活性，比如善於以退為進，以屈求伸，欲取姑予，欲高而下等。

中外不勝枚舉的「笑裏藏刀」

「笑」是可親的，「刀」是可怕的。二者是那樣地難以相容。但正因為如此，高明的謀略家們才得以將它們統一起來；以「笑」為手段，掩蓋向敵人進「刀」的目的。在這裏，「笑」的水準如何，無疑是至關緊要的。在中外軍事史上，有很多「笑」得極好、因而獲得成功的例子。

(1) **鄭武公：一位「笑裏藏刀」的高手**。《韓非子·說難》中講的鄭武公，堪稱是中國古代一位「笑裏藏刀」的高手。他想攻打胡國，但卻先把自己的女兒嫁給胡國的國君。後來當大臣關其思議要攻打胡國時，他竟然把這位「多嘴」的大臣給當眾殺了。胡國國君看到鄭武公對自己如此「親善」，自然對鄭國不能再有什麼防備。於是鄭武公就輕而易舉地襲佔了那裏的所有領土。

(2) **張儀「笑」玩楚懷王**。戰國時，張儀對楚懷王也玩了一把「笑裏藏刀」的遊戲。秦國想攻打齊國，但當時齊、楚結盟，秦有後顧之憂。為了離間齊、楚關係，張儀從秦國跑到楚國，對楚懷王說，只要你楚國與齊國絕交，我們秦國就願獻商於（在今河南淅川西南）六百里之

地給你楚國。楚懷王聽後，就像天上掉下餡餅來一樣，非常高興地答應了。楚國大臣陳軫等認為這是秦王耍的離間之計，勸楚懷王不要聽信張儀的花言巧語。楚懷王不聽，宣布閉關絕齊。張儀回到秦國後，藉故三月不上朝，楚懷王以為是自己與齊國絕交的力度不夠，於是又派使者去大罵齊王給秦國看，齊王大怒，決定屈己事秦，於是，與秦

戰國時期縱橫家張儀像

結盟。這時張儀才出來會見楚國的使者說，願獻自己的奉地六里給楚國。楚懷王一聽，肺都氣炸了，馬上發兵攻秦。秦、齊共同攻楚，斬首楚軍八萬，殺了楚國的大將屈匄（同丐），奪取了本屬於楚國的丹陽（在今陝西、河南間丹江之北）、漢中（今漢水中游一帶）之地。後來楚國又襲擊秦國，在藍田（在今陝西西安東）再被秦軍打敗，楚國不得不又割兩城給秦國，才算了結此事。

　　(3) 石勒「笑」擒王浚。後漢將軍石勒在運用「笑裏藏刀」計方面也有獨到之處。他本想消滅駐薊州（今北京）的東晉將領王浚，卻先上表推崇他為「天子」，並送去了無數珍寶；在王浚派人回謝時，他把精銳部隊都隱藏起來，身邊留的全是些老弱病殘者。王浚送給石勒一把塵尾，石勒當著使者的面每天早晚都對著塵尾頂禮膜拜。其「忠順」之情，溢於言表。王浚的使者回去後把自己看到的情況向王浚一說，王浚就忘乎所以了，真的想感覺一下當「天子」的味道，並對石勒完全喪失了戒備。石勒看到自己的「笑」把王浚「迷」住了，於是就開始向王浚進「刀」了。後來石勒以參加王浚稱帝儀式的名義率軍襲擊薊州，毫不費力地俘虜了王浚，把他帶到襄國（今邢臺）斬首示眾。

(4) 洋人的「笑裏藏刀」。「笑裏藏刀」不僅在中國適用，而且在外國也屢見不鮮，其「笑」的藝術遠不在國人之下。如希特勒在發動戰爭以前，透過英國的記者瓦德普賴斯在報紙上宣稱，「戰爭不會再來了」，德國「對戰爭造成的惡果比別的任何國家有更深刻的印象」，「德國的問題不能透過戰爭來獲得解決」，等等。他在一九三九年八月三十一日中午十二點半正式下達了侵略波蘭的作戰命令，但德國所有電臺直到這一天的晚上九點還在對外廣播希特勒對波蘭的「和平」建議。其水準到了能一邊「笑」著、一邊「進刀」的程度。日本偷襲珍珠港，蘇聯入侵捷克斯洛伐克、阿富汗等，都曾採取這種欺騙手段。

對自己人不應「笑裏藏刀」

一般來說，對自己人，不應採用「笑裏藏刀」之計，而應待之以誠，以誠換誠。但要防止心懷叵測之人對自己採用此計。因為這樣的人畢竟還是有的，從歷史上看，一些奸佞小人，像漢代的石顯，唐代的李林甫、安祿山，宋朝的賈似道等，大都精於此道。此種人至今未絕，仍在繁衍生息，因此應當有所警惕。特別是領導者，千萬不要被那些「馬屁精」們拍暈了，做出禍國殃民又害己的事來。對於那些別有用心、圖謀不軌的人，則應善於識破，針鋒相對，予以懲戒。如唐朝淄青節度使李正己為整治朝廷，就上書說，他要向朝廷貢獻三十萬串錢。他想，如果朝廷說不收這些錢，他李正己一文不花，就可得一個自己未負朝廷的名聲；如果朝廷說要這個錢，他就可以說朝廷聚斂民財，把民怨引向朝廷，從而鞏固自己的割據地位。宰相崔祐甫識破他的「笑裏藏刀」之計，建議唐德宗派一使者到淄青（今山東益都）去勞軍。當眾宣布，皇上決定收下李正己說要獻給朝廷的三十萬串錢，並把這些錢全部就地賞賜給他手下的將士。如果李正己照辦，他的部下拿了李正己的錢卻只會感激朝廷；如果他不照辦，他手下的將士只會怨恨他，使他再沒有能力

與朝廷胡鬧。此旨一下，果然把李正己搞得非常狼狽。「笑裏藏刀」之計的致命弱點是一個「假」字，抓住這一弱點，常可使之暴露於光天化日之下，陷入被動之中。

日本善於「笑」著「宰人」

日本人做生意有一條基本原則就是：避免與對方正面衝突，用他們自己的話說，就是不公開說「不」。小至店鋪經營，大至國家經濟戰略的制定與施行，他們都注意堅持這一原則，因此而獲得了巨大利益。老闆們要求他們的營業員必須做到恭恭敬敬地賺顧客的錢，錢賺得越多越好，態度則越謙恭越好，讓顧客把自己兜裏的錢送給老闆後還要感到高高興興。他們在國際貿易交往中也是如此。比如，有一段時間，日本和美國在汽車製造業上競爭非常激烈，日本汽車大量湧入美國市場，使美國的汽車工業在經濟上受到很大的損失，且造成相關企業失業率猛增。美國國會決定限制日本汽車出口。日本人得到這一情報後，於一九八一年五月主動採取措施，限制日本對美國的汽車出口。日本投向美國人的這一「笑」，使日本在日後的談判中爭得了很大的主動，在這方面的損失在別的方面又更多地找了回來。另外，日本人極善於利用美國多樣化的價值觀念，來達到自己的目的。據說美國政府一些下野的官員和社會名流都領著日本人的津貼，為日本人積極鼓吹和宣傳他們的政策和觀點，並向美國政府或國會遊說，要求對日本向美國的進口或投資等不實行限制。總之，日本人的「微笑」使他在外交和國際貿易活動中獲得了極大的利益。

【按】兵書云：「辭卑而益備者，進也……無約而請和者，謀也。」故凡敵人之巧言令色，皆殺機之外露也。宋曹武穆瑋知渭州，號令明肅，西人憚之。一日，方召諸將飲，會有叛卒數千，亡奔夏境。堠騎報

至，諸將相顧失色，公言笑如平時。徐謂騎曰：「吾命也，汝勿顯言。」西夏人聞之，以為襲己，盡殺之。此臨機應變之用也。若勾踐之事夫差，則竟使其久而安之矣。

【按語今譯】兵書上說：「敵人言辭謙卑同時又加強戰備，這是準備進攻的跡象……敵人沒有受到挫折而來請求和好，可能另有陰謀。」所以敵人花言巧語，假裝笑臉，那都是暗藏殺機的表現。宋真宗時，曹瑋做渭州知州，軍紀嚴明，西夏人都很懼怕他。有一天，他正在和眾將飲酒，有數千名士卒叛逃到西夏境內。宋軍的偵察員飛馬來報告這一情況，眾將聽後面面相覷，非常驚恐。曹瑋卻談笑自若，過了一會兒，他對那位報信的騎兵說：「那是我故意派過去的。你不要再在公開場合講這件事。」這些話傳到西夏人的耳朵裏，他們以為這些士兵是來偷襲自己的，就將他們全都殺了。這是曹瑋善於臨機應變的表現。至於春秋時越王勾踐對吳王夫差屈身稱臣，暗中積極準備復仇，竟然使夫差那麼長時間沒有覺察出來，也是勾踐成功地運用了「笑裏藏刀」之計的結果。

第十一計
李代桃僵

計文

　　勢必有損，損陰以益陽。

今譯

　　如果形勢決定必須有所損失的話，那就損失次要的部分，以增強主要的部分，奪取全局的勝利。

「李代桃僵」的真諦是局部服從全局

「李代桃僵」含義的延伸

「李代桃僵」一詞見之於《宋書》卷二十三《樂志》三《雞鳴高樹顛》，詩的最後幾句為：「桃生露井上，李樹生桃旁，蟲來齧桃根，李樹代桃僵。樹木身相代，兄弟還相忘。」原意是說，桃樹和李樹尚能共患難，而兄弟之間卻互相忘記了手足之情，這是很不應該的。後用「李代桃僵」比喻做出犧牲或代人受過。《三十六計》的「李代桃僵」含義又有所變化，是指在軍事鬥爭中，以次要的、局部的、暫時的損失換取主要的、全局的、長遠的利益。此計正文中說「勢必有損，損陰以益陽」，即是指此。

這一思想在中國古代很早就產生了。《老子》第三十六章中所說的「將欲奪之，必固與之」，就包含了這一思想。而孫臏算駟，則是較早將這一思想運用於競技博弈的範例。這個故事對我們理解「李代桃僵」的含義很有幫助。

宋代文學家蘇洵認為，孫臏算駟的奧秘在於「以其所不足愛者，養其所甚愛者」。這話一般說是對的；不過還需要補充一句：最後再以「其所甚愛者」奪回失去的「不足愛者」，再加上對手的所「甚愛者」。因為所謂「甚愛」與「不足愛」是相對而言的，當時丟棄是不得已而為之，局部丟棄的目的是為了奪取全局的勝利，其中包括把丟掉的重新奪回來，並再擴大我勝利的戰果。

在激烈的對抗性鬥爭中，自己一點代價也不付的所謂「全勝」一般是不存在的。高明的指揮官不應把自己的決策建立在這種美好幻想的基礎上，而是善於從實際出發，根據需要，做出必要的犧牲，以小的代價換取大的利益。

在戰役、戰鬥指揮上也要講「李代桃僵」

戰略決策上要講「李代桃僵」,戰役、戰鬥指揮上也要講。因為全局和局部是相對的,任何單位、任何時間都有個局部服從全局的問題。這就要有的單位或個人做「桃」,有的則必須做「李」。

(1) **孫臏以小失求大得**。齊魏桂陵之戰,孫臏採取「圍魏救趙」的戰法,先使魏、趙兩國互相拼殺,以消耗兩國實力;在進軍大梁時,為隱蔽主力,示弱於敵,他派不懂軍事的齊城、高唐二都邑大夫攻平陵(今山東定陶東北),二大夫兵敗戰死,使龐涓認為齊軍不堪一擊,更加驕傲輕敵。孫臏所做出的這些局部的、無關大局的犧牲,為奪得整個戰役的勝利做了鋪墊。

(2) **周訪「損陰益陽」**。東晉元帝時,征西將軍周訪奉命率兵討伐沔陽(在今陝西勉縣東)叛將杜曾。杜曾作戰驍勇,加上他剛攻克荊州(今湖北江陵),軍隊士氣很高,周訪決定採取先消耗他的實力、再出奇兵取勝的打法。交戰時,他將晉軍分為左、中、右三軍,為了使杜曾先攻打左、右兩翼,他特意讓人在中軍高高地樹立起很多旗幟。杜曾果然以為晉軍中軍兵力雄厚,就先領兵攻擊晉軍的左、右兩翼。兩軍展開死戰,從早晨一直打到傍晚,周訪的左右翼逐漸支持不住了,杜曾軍也有很大傷亡,已十分疲憊。這時,周訪親自擂動戰鼓,埋伏在中軍,早已憋足了勁兒的八

《孫臏兵法》竹簡

百名晉兵猶如開閘的洪水一般衝殺出來，杜曾軍一下子就被衝殺得七零八落，將卒紛紛逃命，周訪一舉平定漢沔。

(3) **張宗甘願做「李」**。在戰場上出現了必須要「李代桃僵」的形勢，需要有做「桃」者，同時也就需要有做「李」者。這就要上級指揮官確實出以公正，據勢因能用人；部屬則要有勇於犧牲、以成大局的精神；否則，難免桃僵李也枯。東漢劉秀手下大將鄧禹有一次來到枸邑（今陝西旬邑），忽然傳來赤眉軍來攻的消息。鄧禹知道自己打不過赤眉軍，想趕緊撤退，但眾將都聞風喪膽，不願擔任殿後的任務。鄧禹一時沒了辦法，決定讓眾將拈鬮，聽天由命，誰拈上鬮誰殿後。將官張宗聽說後，堅決反對這麼做，他說：「做為將官，怎麼能辭難就易呢？只要您下令，誰也不能推辭。如果您實在感到為難，那就讓我來擔當殿後任務吧！」後來，張宗果然承擔並完成了殿後的任務，保證了主力部隊的撤退。諸將因此都很敬佩他。從這件事上看，鄧禹當斷不斷，甚不足法；張宗勇挑重擔，甘願「李代桃僵」，大有可取之處。

經營管理也須懂「李代桃僵」

以局部的犧牲換取全局的勝利，不但是軍事鬥爭應遵循的原則和策略，在其他領域遇到「勢必有損」的情況時，也應如此。蜂蠆發毒，壯士斷腕，非不愛腕，只為保身，這個道理一般人都能理解。但實際做起來，卻並不那麼容易，諱疾忌醫、因小失大者，經常有之。能做到這一點，不但需要眼力，同時還需要魄力。

一九八一年，當丹尼爾‧吉爾成為博士倫公司總裁時，該公司的銷售額跌入最低谷，許多企業都嚴重虧損。為了大局，吉爾毫不猶豫地甩掉了那些虧損企業，放棄了佔該公司銷售額一半的業務，解雇了大部分高級管理人員，對總部進行了徹底改組。他將裁減的那些單位、部門所得的收入投入到隱形眼鏡、透鏡維護產品和雷朋太陽眼鏡等核心企業

中，以實現技術現代化。還派出市場調查人員開展「在全球我們能有什麼作為」的調查，在充分調查論證的基礎上，又擴展了四項業務，投資總額不到二千萬美元，就開創了中國的隱形眼鏡市場。這一系列措施，使博士倫公司的銷售額從原來一年大約四億美元猛增到將近二十億美元，使經濟利潤率從百分之八上升到百分之二十左右。該公司沒有開始大刀闊斧的裁減，就沒有後來蒸蒸日上的興隆。這對我們如何做好企業管理不無借鑒的價值。

日本兵法經營家大橋武夫在他的《兵法經營要點》中說，有了大的成功，小的成功會隨之而來。因此，經營者不必要求「全勝」。作戰在一個方面有優勢就好，商品在某方面超群就行。一個因為做咖喱飯被譽為日本首屈一指的餐館，定能生意興隆；而要求樣樣都好者，很可能都樣樣一般。這一觀點是符合社會心理學中的「暈輪效應」原則的，是行之有效的「生意經」。追求十全十美，往往會事與願違。

李代桃僵，丟車保帥，也是犯罪份子們經常採用的手法。懂得這一道理，對我們檢查紀律、偵破案件、端正黨風、反腐倡廉等，也有啟示作用。

【按】我敵之情各有長短。戰爭之事，難得全勝。而勝負之決，即在長短之相較。而長短之相較，乃有以短勝長之秘訣。如以下駟敵上駟，以上駟敵中駟，以中駟敵下駟之類，則誠兵家獨具之詭謀，非常理之可推測者也。

【按語今譯】我軍和敵軍的情況，各有長處和短處。戰爭中是很難取得全勝的。而戰爭的勝負，就決定於雙方長處和短處的較量。在雙方長處和短處的較量中，有以己之短處勝敵之長處的秘訣。比如，孫臏幫田忌在戰車馳逐比賽中，讓田忌先用自己的下等馬拉的戰車和對方上等馬戰車賽，再用自己的上等馬戰車和對方的中等馬戰車賽，然後用自己

的中等馬戰車和對方的下等馬戰車賽，結果一負二勝，取得了最後的勝利。像這類事例，是兵家獨有的詭詐謀略，不是用平常的道理可推測出來的。

第十二計
順手牽羊

計文

微隙在所必乘，微利在所必得。少陰，少陽。

今譯

　　對於敵方的微小漏洞也必須加以利用；對於能夠從敵方得到的微小利益也必須爭取，以奪得大的勝利。這就是《易》中講的少陰與少陽相輔相成的道理。

「順手牽羊」的要義是對敵鬥爭要善於乘隙取利

「順手牽羊」含義的轉變

「順手牽羊」這個成語應來源於《禮記‧曲禮上》:「效(進獻)馬效羊者右牽之。」鄭玄注:「用右手便。」意思是說,用右手牽羊進獻時比較方便。這句話後來逐步演變成「順手牽羊」,意思也發生了變化,變為就手把人家的羊牽走,比喻順便取利,不再另外用時費力。這裏的「順手牽羊」則是指在軍事鬥爭中乘勢因便奪取勝利,積小勝為大勝。

需要特別注意的是,此計正文內容與我們俗語所說的「順手牽羊」在內涵與外延上都有很大不同。這裏講的是對敵鬥爭的謀略,與偷雞摸狗、唯利是圖、損人利己等低級的個人行為不可同日而語。

「微隙在所必乘」,這是克敵制勝必須遵循的一個重要原則。敵之「隙」,乃我之機。機難逢而易失,抓得住,用得好,就會「機變如神,可當十萬」(陸游《南唐書‧宋齊丘傳論》);否則,就會失之交臂,反遭懲罰。因此,「機之不至,不可以先;機之已至,不可以後」(《宋史‧余端禮傳》),遇到機,「巧者一決而不猶豫」(《六韜‧軍勢》)。所以,一旦發現敵「隙」,就必須抓住不放,甚至要以「衣不解帶,足不躡地,履遺不躡」(諸葛亮《兵要》)的精神去捕捉、利用。即使是「微隙」,也要見微知著,洞悉明白,有效利用。有時一場戰役、戰鬥的成敗,最後就取決於某一細微的環節。所謂螻蟻之穴,可潰千里長堤;樑柱微斜,能傾百丈高樓:是絕然小視不得的。

「微利在所必得」,很有針鋒相對、寸土必爭的意思。戰爭全局的勝利是靠許多戰役戰鬥的勝利來實現的。而要做到這一點,就必須「立

於不敗之地，而不失敵之所敗」，靈活機動地打擊敵人。如狄青在征儂智高時，兩軍在歸仁鋪（在今廣西南寧東北）展開決戰。狄青將軍隊分成左、中、右三路，下令：「沒有我的命令而擅自行動的，處以斬刑！」戰鬥開始後，儂軍猛攻宋軍左、右兩路，宋軍右路將孫節戰死。左路將賈逵軍承受巨大壓力，來不及向狄青請示，就帶領所部搶佔一附近高地，然後向下衝殺，將敵人截為兩段。在冷兵器時代，高地一般屬有利地形，對戰爭勝負有很大幫助。賈逵這樣做，雖違背了狄青的命令，但卻為最後奪取勝利創造了條件。這種臨機處置、微隙必乘的做法，無疑是值得肯定的。所以狄青後來不但沒有將賈逵斬首，反而給予了褒獎。實踐證明，沒有靈活機動，就難以做到微隙必乘。

「順手牽羊」要在善於乘隙

在錯綜複雜、變化無常的戰場上，敵人總會有這樣那樣的漏洞，我總會有機可乘。《草廬經略·因勢》中列舉了多種乘敵之隙的例子和處置方法，如「敵欺我，則驕之；敵畏我，則恐之；敵勇而愚，則誘之；敵輕而躁，則勞之；敵過慎而葸，則疑之；敵上下猜疑，則間之；敵好襲人，則佯為無備；敵好侵掠，則委利以餌之；敵務於進，則設伏以致之；敵志在退，則開險以擊之。凡如此例，難容悉數，皆因敵情以導之耳」。要乘敵之隙，指揮員就須對戰場態勢有深刻而全面的了解，同時還要有敏銳的洞察力、正確的判斷力和靈活的應變力。乘隙貴在及時。《三國志》上說，曹操「策得輒行，應變無窮」，因此，常能在紛紜複雜、險象叢生的情況下，保護自己，打敗敵人。袁紹「多謀少決，失在後事」，故有官渡之敗。赤壁戰後，劉備「得計少晚」，遂有華容之失。由此可見，機敏對於乘敵之隙是何等的重要了。

(1) **趙匡胤一箭雙鵰**。宋建隆三年（九六二年），武清軍節度使周行逢死，境內因而發生內亂。其子周保權無法控制局面，就向當時已當了

宋朝皇帝的趙匡胤求援。趙匡胤正想尋機滅掉南平（在今江陵、荊門一帶）和武清軍（在今常德一帶）這兩個弱小的割據者，接到這個請求，就為出兵找到了藉口，自然十分高興。於是他在次年二月向大將慕容延釗面授機宜，要他率兵南下完成這一任務。慕容延釗先到南平王高繼沖處借道，說是去武清幫助周保權平亂，去去就回。高繼沖不知是計，傻呼呼地出城迎接，宋軍乘機入城，順手滅掉了南平。隨後又平定了武清軍，將那塊地盤也一起收進了宋朝的版圖中。趙匡胤此舉，乘機行事，一箭雙鵰，可謂是典型的「順手牽羊」。

(2) **趙遹乘隙平晏州**。任何敵人都是有隙可乘的。即使敵人強大、自己已在垂敗之際，也可以捕捉到戰機，反敗為勝。這裏的關鍵是看軍事指揮官有沒有捕捉和利用戰機的能力。

宋政和五年（一一一五年），龍圖閣直學士趙遹（音玉）率兵到晏州（在今四川興文縣西）征討卜漏。卜漏聚眾藏據深山，憑險扼守，那裏山高林密，易守難攻，宋軍久攻不下，趙遹已覺無計可施，不免有些喪氣。但他有一天在山下查看地形，突然發現山上有很多猱（音撓，猿類動物）跳來跳去，心中頓生妙計，於是下令讓士兵抓來一群猱，在它們身上綁了蘸過可燃油的草束，深夜派人乘梯把這些猱帶到山上，將它們身上的草束用火點著後，趕向卜漏的營寨。卜漏士兵住的全是草棚，這些猱在草棚上躥來跳去，頓時就把營寨全給點著了，營內大亂。趙遹看到山上火起，在敵人忙於救火之際，命令士兵迅速架梯登山，前後夾擊，一舉打敗了卜漏。

(3) **俄羅斯乘隙把美軍到手的「羊」「牽」走了**。當今世界，美、俄兩國既互相利用，又互相爭鬥，各有各的招數。美國防部長拉姆斯菲爾德和他的副手沃爾福威茨強調，美國應表現得「威嚴」一些，「用侵略主義的說一不二的語氣同世界對話」，因而表現得霸氣十足。俄羅斯對此非常不滿，但在行動上又不願與美國公開對抗，往往採取順手牽羊、

乘虛而入的方式與之周旋。如俄羅斯反對美國發動科索沃戰爭，美國充耳不聞，俄羅斯看著自己昔日的盟友挨炸乾著急，只有徒喚奈何的份兒。但在戰爭快接近尾聲時，俄羅斯派出二百名士兵突然搶佔了科索沃省會普里什蒂納機場，美國及其盟國因此大嘩，大喊自己「失招」。阿富汗戰爭期間，美軍對阿富汗塔利班政府進行了不惜血本的轟炸，得到俄羅斯支持的北方聯盟沒有聽從美國政府的指令，而是按照俄羅斯的意圖，很快攻入喀布爾，俄羅斯率先向阿富汗派出了外交使團，北方聯盟同意其進行人道援助、使用機場和派遣官員。二○○一年十一月二十六日，俄羅斯十二架運輸機組成的先頭部隊飛抵阿富汗，建立了一家戰場醫院和一個「人道援助中心」。這一行動，亦屬乘隙而入。美國進攻阿富汗的戰略企圖是，在喀布爾建立一個親美政權，為其鋪設巴基斯坦至美國的輸油管道創造條件。俄羅斯的這一介入無疑對其形成了牽制。所以美國《洛杉磯時報》發表文章，認為，俄羅斯順手牽羊，乘機重返阿富汗，是美國吃了「大虧」。

必須要看到「微隙」「微利」的兩面性

這裏必須說明的是，並不是所有的「微隙都要必乘」、所有的「微利」都要「必得」的，相反，有的則必須不乘、不爭。這要依據全局的需要而定。孫子在《九變篇》中說，「城有所不攻，地有所不爭」，就是講局部要服從全局。有時局部的損失可以換來全局的勝利；局部的勝利反而可能破壞了全局的計劃。所以，有時為了全局，就必須見隙不乘，見利不爭。另外，在敵人故意以小隙、小利誘我時，也要防止上當受騙。這樣的教訓也是很多的。此計末尾講的「少陰，少陽」，意在說明，二者雖有相輔相成的一面；但如劉基《靈棋經後序》中所言，「或失其道，而耦反為仇」，即處理不當，事物也會走向反面。所以，對此切不可機械理解。

我要乘敵之隙，得敵之利；敵人也會同樣以此對我。對付敵人此計的方法，一是嚴密防範，使敵無隙可乘，特別是要防止在關節點上出現漏洞。「牆壞於其隙，木毀於其節」（《鬼谷子·謀篇》），「禍因多藏於隱微，而發於人之所忽」（司馬相如《諫獵書》），因此，要善於見微知著，防患於未然。二是因勢利導，誘敵就範。敵人既然過

劉基（伯溫）像

於貪婪，微利必得，常會利令智昏，我就佯順其意，誘之以利，即可戰而勝之。如西晉武威太守馬隆為打敗羌戎首領樹能機率領的一萬精兵，就選擇了一條山谷為伏擊地，命部下在谷道兩側壘了兩道磁石牆。利用敵人輕視晉軍，急於求勝的心理，把敵人引誘到這裏。敵人身披鐵甲，因受磁石吸引，力不從心，動作大都變形，一個個都笨拙不堪。晉軍卻因事先穿上了皮甲，打起仗來非常靈活。敵人以為晉軍得到了「天神」保護，不戰而潰。

企業家、領導者都應有「大」眼光

高明的企業家對「微利在所必得」中「微利」的理解應該是，從眼前看是「微利」，但從長遠看必是「大利」。換言之，就是要有戰略眼光。一九七八年，當中國緊閉的大門剛剛對外開放時，世界名聞遐邇的法國服裝設計大師皮爾·卡登就在來華企業家簽到簿上寫下自己的名字。當時法國駐中國大使曾驚訝地說：「你是不是瘋了？中國在時裝方面簡直是一片沙漠！」但皮爾·卡登先生認為：「中國服裝必然會再度輝煌」，「可能明天的成功者就是中國人」。他堅持來了。今天卡登專營店幾乎遍布中國各

大城市，「皮爾‧卡登」的名字已風靡中國。卡登先生的預言正在逐步變為現實。他就是從「微利」開始而後賺到「大利」的。

據說李嘉誠做生意，有一條原則，就是不賺對手兜裏最後的錢。因為不賺這個錢，可能會增加一個朋友；賺了這個錢，可能會樹立一個敵人。他這種做法不是「微利在所必得」，而是具有「大」眼光的表現。

另外，此計還可從反面警示我們，我們的領導幹部在廉潔自律方面務必要防微杜漸，防止自己身上出現「微隙」為人所乘。中國許多腐敗大案的當事人都是因為圖「微利」、有「微隙」而逐漸被腐化掉了的。好財、好色、好賭、好吹等，往往會為人所乘。廈門賴昌星走私案中，一些高官所以成了賴昌星所「牽」之「羊」，就是因為他們自身有了「隙」，被賴昌星抓住並利用了。一位美國記者驚奇地發現，中國的許多腐敗份子都與賭博有關。如，原瀋陽市副市長馬向東在一九九六——一九九九年間，曾在澳門賭博十七次，輸掉了盜用的國家資金四百八十萬美元；原全國人大常委會副委員長成克傑也是澳門賭場的常客，與他的情婦李平常常是一擲千金。中國許多到美國去的高官也都以豪賭驚人。其所用的錢都是公款。這位美國記者說，如果你想了解中國的腐敗到底發展到多麼嚴重的地步，到澳門賭場內環顧一周，就可以了。「他山之石，可以攻玉」。這位外國記者的話不也令我們深省嗎？

【按】大軍動處，其隙甚多，乘間取利，不必以戰。勝固可用，敗亦可用。

【按語今譯】大部隊在行動過程中，一般都會有很多漏洞。利用其漏洞，奪取勝利，不一定採取作戰的方式。已經取得勝利者固然可以利用此計擴大戰果；遭受失敗者也可用此計轉敗為勝。

第三套
攻戰計

第十三計
打草驚蛇

計文

疑以叩實，察而後動。復者，陰之媒也。

今譯

　　遇到可疑的情況，就要偵察核實清楚，準確掌握了情況之後再行動。《易·復》卦裏說：反覆驗證，就可藉以揭露隱藏在現象背後的事物的本來面目。

「打草驚蛇」是一種「疑以叩實」的偵察手段

「打草驚蛇」詞義的流變

「打草驚蛇」原為「打草蛇驚」。唐人段成式撰《酉陽雜俎》中說：王魯做當塗縣令，終日只想著如何貪污錢財。當地百姓聯合狀告他的主簿貪污，王魯看後，在狀紙上寫道：「汝雖打草，吾已蛇驚。」意思是，你們雖然打的是主簿這根「草」，但我這個縣令卻像草裏的「蛇」一樣受到了驚嚇。此語既可理解為他向百姓暗示，自己透過這件事已接受教訓，請求原諒，你們就別再「打」我了；又可說成是主簿貪污，自己負有「領導責任」，平時犯有「官僚主義」，所以下級出了問題，自己感到吃驚。一語雙關，各有各的用處，暴露了這位貪官的狡猾。後人用這一成語比喻打擊了某人或某群體，與之相類或有牽連者受到驚動。

《三十六計》裏的「打草驚蛇」指的是用投石問路的方式偵察、判斷敵人實力的一種謀略。孫子在《虛實篇》裏說的「策（籌算）之而知得失之計，作（刺激使之發作）之而知動靜之理，形（以偽形示敵）之而知死生之地，角（試探性角逐）之而知有餘不足之處」，都是「疑以叩實」的方法。

此計的正文中說：「疑以叩實，察而後動。復者，陰之媒也。」這裏的「復」取之《易‧復》卦象辭：「反覆其道，七日來復。」「復」可解釋為恢復事物的本來面目，引伸為準確了解情況。全文的意思是說：遇到可疑的情況，就要偵察核實清楚，準確掌握了情況之後再行動。《易‧復》卦裏所說的恢復事物本來面目，即查清事實真相，是制定謀略的必由之路。「打草驚蛇」正是偵察核實情況、掌握事物本來面目、在此基礎上進行決策的一種手段。

要做到「疑而叩實」，首要的是能做到善疑。善疑者首先又在善於察異。異者，異於常勢、常規、常理、常情之謂。見異而疑，並不是缺點，而是優點。如果見異不疑，麻木不仁，那才是指揮官致命的弱點。不明的人不能生疑，無疑的人與明無緣。有了疑，就要思，就要察。如《孫子兵法》提出，從鳥飛、獸走、樹動、塵起等自然界的異常現象中判斷敵人的動向虛實；從「敵強而進」、「弊重言甘」、「數賞數罰」、「利而不進」等人事方面的異常現象中得出敵人退、誘、窘、勞等結論。這些都始之於對「異」的疑問，進而進行偵察、判斷的結果。沒有疑和察，就難以達到「叩實」的目的，如果沒有「叩實」而「動」，那就是盲動，而盲動是必然會吃敗仗的。

我軍在一次自衛反擊作戰中，某部接連幾天都受到敵軍遠端炮火的射擊，敵人好像對他們的部署情況了解得很清楚，炮彈都能準確地落到他們的陣地上。聰明的指揮官自然會產生「這是為什麼」的疑問。經過偵察，他們發現在自己陣地的東北側無名高地的萬綠叢中有一根葉子枯黃的斷枝，就產生了疑問：這根斷枝是風吹的？可為什麼只吹斷一枝？是野獸碰折的？炮火連天，哪來的野獸？於是斷定十有八九是人為的。他們抵近偵察，果然在那裏發現了一個偽裝得十分巧妙的山洞，從裏面抓出了正在發報的五個敵人，這才把敵人炮火的「眼睛」弄「瞎」。如果他們不能見異而疑，有疑則察，那就只有被動挨打了。

「察而後動」才能「動」而有功

最能說明這一道理的戰例，莫過於在第四次中東戰爭中，以色列空襲敘利亞薩姆—6導彈陣地的事了。

這場戰爭開始後，以色列空軍先後損失了一百零九架飛機，其中大部分是被敘利亞的薩姆—6導彈擊落的。以色列當局發誓要報仇雪恥。後來美國中央情報局透過埃及得到了薩姆—6導彈，就向以色列通報了

有關情況；以色列情報機關也弄到了關於薩姆－6導彈的一些技術情報，並研製出對付這種導彈的新武器，但一時還弄不清敘利亞薩姆－6導彈的確切位置。一九八一年四月，薩姆－6導彈剛在敘利亞的貝卡谷地部署完畢，以色列就派出第一架「猛犬」式無人駕駛飛機前去偵察，當它剛進入貝卡谷地上空，就被敘軍用薩姆－6導彈擊落。敘軍歡欣鼓舞，以軍也格外高興，因為他們以此獲取了關於薩姆－6導彈的具有重大價值的情報。為了證實情報的可靠性，他們又派出一架裝有特殊設備的無人駕駛飛機，這一次，敘軍連續發射了兩枚薩姆－6導彈，都沒有擊中它。以軍以小的代價換取了摧毀薩姆－6導彈的全部奧秘，但敘軍卻對此沒有引起足夠的重視。

六月九日，以軍對貝卡谷地發動正式空襲。開始，他們先用一種無線電遙控的、無人駕駛的塑膠製作的飛機飛臨谷地上空，敘利亞軍隊相繼發射導彈，這些飛機紛紛落地，敘軍欣喜若狂。他們不知道，幾架以色列的E－2C型「鷹眼」預警與戰鬥控制飛機正在地中海上空接受敘軍雷達天線電波頻率和導彈指令發射頻率，並迅即運算出所需資料，通知已在空中待命的以色列戰鬥機群。以軍機群得到這些資料後，先用兩枚「百舌鳥」導彈摧毀了敘軍導彈陣地指令中心，使陣地

一九七三年十月六日，第四次中東戰爭即十月戰爭爆發。十月七日，埃及軍隊跨過蘇伊士運河，繼續抗擊以色列軍

上的薩姆－6導彈都變成了無頭蒼蠅，然後以色列飛機如餓虎撲食一般向敘軍導彈陣地發起猛烈攻擊。僅六分鐘的時間，就使敘利亞慘澹經營多年的十九個薩姆－6導彈連同歸於盡，所有的導彈都化為烏有。

這是將「打草驚蛇」謀略用之於現代戰爭的一個典型戰例：以色列用無人駕駛飛機和假飛機「打草」；引誘敘軍發射薩姆－6導彈是「驚蛇」；「蛇」「驚」出洞、暴露無遺後，以軍給以猛烈打擊。由於以色列真正做到了「察而後動」，因此獲得了巨大成功。它說明，這一謀略在現代戰爭中仍具有生命力。

懂得了「打草」會「驚蛇」的道理，亦可反用此計，即為了不「驚蛇」而不「打草」，俗稱「放長線釣大魚」。如一九八九年哥倫比亞警方在與販毒集團鬥爭中，發現被逮捕的罪犯當中有一個名叫弗雷迪的青年，他在無意中透露出自己是大毒梟加查的兒子。加查只有這一個寶貝兒子，這對警方來說，無疑是一個天大的喜訊。於是警方以「弗雷迪年僅十七歲，未發現有前科」為由，「免予起訴，無罪釋放」。暗中卻派人監視他的行動，透過跟蹤，終於找到了加查的老巢，從而將他們一網打盡。如果哥倫比亞警方過早地打草驚蛇，很可能就收不到這樣好的效果。

反制「打草驚蛇」需要膽略和犧牲精神

有些「打草驚蛇」的謀略只是出於威懾和恐嚇，透過「打草」，把「蛇」嚇跑就達到了目的，「打草」者未必真的就想與「蛇」交手。這在外交和軍事鬥爭中經常使用。被威懾者能否被嚇住，這就看「打草」者的水準和「蛇」的膽略了。

一八六五年（清同治四年），中亞浩罕汗國軍事頭目阿古柏在英國支持下，侵入中國新疆，成立「哲德莎爾國」。一八七一年，沙俄乘機出兵佔領中國新疆伊犁地區。一八七五年，左宗棠被清政府任命為欽差大臣，督辦新疆軍務。左宗棠骨頭硬，他對英國和沙俄使用的「打草驚

三十六計的智慧
112

蛇」之計毫無畏懼，於一八七六一一八七八年間進行了收復新疆的戰爭，一舉粉碎了英、俄帝國主義企圖將新疆從中國分裂出去的陰謀。但在清政府向沙俄政府索要伊犁時，沙俄卻利用了清政府害怕與俄國交戰的心理，大肆對之進行恐嚇敲詐。清政府的談判代表崇厚患有「軟骨病」，他經不住對方的威脅訛詐，成了被「驚」之「蛇」，於一八七九年十月與俄方簽訂了喪權辱

收復伊犁的名臣左宗棠

國的《里瓦基亞條約》。此條約傳出後，中國朝野愛國之士無不義憤填膺。清政府懾於國內輿論壓力，沒有批准這一條約，另派駐英法公使曾紀澤兼任駐俄公使，與俄國政府談判改約問題。沙俄政府又演「打草驚蛇」故伎，在中國東北、西北調集上萬軍隊對清政府進行威脅，出動黑海艦隊到中國黃海示威，並增兵伊犁，大有黑雲壓城之勢。左宗棠在沙俄帝國主義的威脅面前，再一次表現了中國人的錚錚鐵骨，一八八〇年春，他擬定了一個三路進攻伊犁的計劃，五月十六日，他讓部下抬著一口黑漆棺材，隨他離開肅州（治今甘肅酒泉），直趨新疆哈密指揮作戰，表現了誓收伊犁、馬革裹屍的衛國決心。正是由於左宗棠在軍事上作了充分準備，加上曾紀澤的據理力爭，才迫使沙俄最終同意將被他們佔領的特克斯河谷和穆素爾山口等地歸還中國。中國人有句俗話：「寧被打死，不被嚇死。」無數歷史證明，有這種決心的人，未必就會被打死；相反，可能會取得勝利。那些一有風吹草動就驚慌失措的人，才注定永遠是一個失敗者。

敵人對我施用「打草驚蛇」之計時，我們不但要能識破他們的詭

計，而且有時需要隱忍不發，必要時還須做出一些犧牲，以換取長遠的全局的勝利。

目前，世界上用核武器嚇唬人的國家和集團越來越多了。美國用假洩露的方式宣稱對中國、俄羅斯等七國可以使用核武器；日本也宣稱，他們一夜之間就可以製造出數千枚核彈頭，等等。對這種恐嚇，我們的態度應該是：一不怕，二有備。《老子》說：「民不畏死，奈何以死懼之！」又說：「強梁者不得其死。」玩火的人到頭來總會把自己也燒了，有什麼可驚怕的呢！

「打草驚蛇」謀略在其他領域也可借鑒。如，執法者運用此謀可以懲戒犯罪者，透過公開宣判大會，達到懲一儆百、敲山震虎、使犯罪份子聞風喪膽，從而改過自新或收行斂跡的目的。演講者則可運用此計對聽眾心理進行「偵察」，然後抖出「包袱」，抓住聽眾。如英國哲學家、數學家、邏輯學家羅素在北京大學演講時，開頭就提了一個奇怪的問題：2+2=？在沒有一人敢站出來回答時，他揭了謎底：2+2=4嘛，這是小學生都能回答的問題，為什麼你們這些大學生反倒答不上來了？於是由此入題，講開了不要迷信、勇於創新的問題，一下子就把聽眾給抓住了。

【按】敵力不露，陰謀深沉，未可輕進，應遍探其鋒。兵書云：「軍行有險阻、潢井、葭葦、山林、翳薈者，必謹復索之，此伏奸之所處也。」

【按語今譯】敵人兵力不暴露，陰謀隱藏得很深，我不可冒失前進，應當全面地探察他的鋒芒所在和鋒芒所向。《孫子兵法》說：「行軍中如遇到險峻隘路、沼澤水網、蘆葦、山林或草木繁茂等情況，就必須謹慎地反覆搜查，這些都是宜於敵人隱藏奸細、埋伏兵力的地方。」

第十四計
借屍還魂

計文

　　有用者，不可借；不能用者，求借。借不能用者而用
之。匪我求童蒙，童蒙求我。

今譯

　　有用的東西，人家往往不借給你；沒用的，他又往往會來求你
借。那麼，我就借那些在別人看來沒有用的而用之，以達到我的目
的。這就是《易·蒙》卦中講的道理：不是我去求那些蒙昧無知的
幼童，而是他們來求我。

「借屍還魂」是「借不能用者而用之」 的借勢謀略

此計的關鍵字是「借」

「借屍還魂」的原意是，人死後的靈魂附在別人的屍體上而復活。比喻已經死亡的事物借著另一種形式出現。《三十六計》中此計正文的內容要比成語「借屍還魂」的含義寬泛得多。其正文中說：「有用者不可借；不能用者，求借。借不能用者而用之。匪我求童蒙，童蒙求我。」作者認為，凡是利用那些別人看來「不能用」的客觀條件以達成自己目的的策略，均可稱之為「借屍還魂」，至於借的是「屍」還是別的「不能用」的東西，那是無關緊要的。這裏的「屍」，不是指真正的屍體，而是「不能用者」的代號。另外，俗語所說的「借屍還魂」是貶義詞；而《三十六計》中的「借屍還魂」卻是中性的，敵人可以用，我亦可以用。

為了說明此計正文內容與世俗理解的「借屍還魂」的差異，我們不妨舉個小例子：二〇〇一年美國「九一一」事件後，其倒塌的世界貿易中心雙子大廈的廢鋼就有四十萬噸之多。這批廢鋼據說是二十世紀七〇年代日本生產的世界上最好的精鋼，但這時卻變成了必須清除的「無用」之物。換言之，它對當時的美國人來說成了負擔，是要求別人幫助他處理的。中國上海寶鋼集團正是抓住了這一機會，成為最早一批收購這批廢鋼的廠家之一，該集團以每噸低於一百二十美元的低價購得了五萬噸這樣的廢鋼。此後印度、韓國等也紛紛參加了收購。按照世俗的理解，寶鋼的這種做法絕對不能說是「借屍還魂」；但從此計正文內容看，它恰恰符合「借不能用者而用之」，「匪我求童蒙，童蒙求我」的原理。

此計強調的是「借」勢，而不是求人。我們的先哲很早就有這樣的

精譬見解。《易經》率先提出這一命題：「匪我求童蒙，童蒙求我。」《孫子兵法‧勢篇》強調：「求之於勢，不責於人。」據《戰國策‧齊三‧孟嘗君在薛》記載，孟嘗君的封地薛（在今山東滕州南）受到楚國攻擊，齊王沒有馬上發兵去救，薛地處於危急之中。以善於諷諫著稱的齊國大夫淳于髡（音坤）決定幫孟嘗君這個忙。但他不是到齊王面前替孟嘗君求情，而是告訴他，

孟嘗君像

孟嘗君在薛地為齊國先王立有清廟，楚人攻佔薛地，必會辱及齊王的先人。在古人眼裏，祖廟被辱是莫大的恥辱，淳于髡用這種借齊國先王清廟之「屍」還孟嘗君求援之「魂」的辦法，陷齊王於必救薛地之勢中。齊王一聽，果然比孟嘗君都著急了，趕緊命令發兵救薛。淳于髡的這一招，比可憐巴巴地求人辦事要高明得多。作者在篇後評論說：「顛蹶（急切請求狀）之請，望拜之謁，雖得則薄矣。善說者，陳（述說）其勢，言其方（方略），人之急也，若自在隘窘（危險困窘）之中，豈用強力哉！」講的就是這一道理。

借他人之名，成自己之事

中國歷史上新舊王朝更替之際，一些農民起義軍或割據勢力擁立某一亡國君主的後代，大都採取的是「借屍還魂」之計，目的就是為了利用人們的正統觀念，表明自己起事名正言順，用以爭取不同階層人們的

廣泛支持。所借之「屍」只是用其名而已。如曹操挾天子以令諸侯，只是借用「漢天子」這個名，用以達到自己號令天下的政治目的。一旦這個「屍」失去了作用，就會被他們棄置不用。如項羽殺楚懷王，李淵廢隋恭帝，朱溫殺唐昭宗等，都是如此。

不但中國這樣，外國也很重視「名」的作用。如一九八三年十月十三日，格林納達政府軍司令奧斯汀發動政變，槍殺了總理畢曉普。美國為了保護自己國家的利益，拔掉這顆「親古巴」的釘子，決定出兵侵佔這個島國。但師出必須要有名，於是美國總統雷根口述了三條理由，其中一條就是：根據原總理畢曉普合法政府的請求和加勒比六國政府的緊急要求。這實際上就是「借屍還魂」，借畢曉普之「請求」之「屍」，還美國人戰略意圖之「魂」。美國人打伊拉克也是如此，借消除海珊「大規模殺傷武器」之名，行美國人政治上稱霸世界、經濟上控制伊拉克的能源之實。唐朝名將薛仁貴說過：「兵出無名，事故不成；明其為賊，敵乃可服。」(《新唐書‧薛仁貴傳》) 看來這一道理在中外都是通用的。

借用在別人看來不能用的客觀條件以成事

按照此計正文的意思，凡善於憑藉那些看似「無用」的東西以達成自己目的的策略都屬於「借屍還魂」，那麼，在戰爭中借天時、用地利、因人事等在別人看來不能借用者以成事的，都應屬於此列。

(1) **楊延昭巧借天時**。西元一○○四年，宋將楊延昭守遂城（今河北徐水縣西遂城），遭契丹軍圍困。遂城城牆矮小，又沒有防禦工事，易攻難守，被攻破的可能性很大。楊延昭為此十分憂慮。這時，天氣突然變冷，楊延昭頓生妙計。他讓人乘夜挑水往城牆上潑灑，水一潑上去，馬上就結成了冰，潑一次水，結一層冰，水越潑城牆越高，第二天早晨，就在契丹軍面前出現了一座又高、又滑、又堅固的冰城。契丹軍

一見，驚愕不已，只有望城興歎。楊延昭以逸待勞，然後，出其不意地對疲憊不堪的契丹軍發起攻擊，將他們打得大敗而逃。在正常情況下，單靠水是不能築牆的，單靠寒冷也是不能築牆的。但楊延昭憑藉水和寒冷這兩個看來「沒用的」客觀條件，把冰牆築高了，從而在戰場上反敗為勝。這就是巧借天時這一客觀條件取得的成功之例。

(2) **章昭達智用地利**。南北朝時，陳朝車騎大將軍章昭達奉命征討叛軍陳寶應，陳寶應率軍佔據晉安（治今福州市）、建安（治今福建建甌）二郡之界，在防地周圍的陸地和水域都埋設柵欄。章昭達屢攻不利，於是令部隊搶佔閩江上游，並砍伐樹木做成許多木筏，用大鐵索

薛仁貴像

攔在閩江兩岸。陳寶應幾次前來挑戰，章昭達都堅守不出。一天，天降暴雨，江水猛漲，章昭達下令解開鐵索，讓木筏順流而下，陳寶應設在水裏的柵欄全被沖壞，在章昭達的進攻下，陳寶應軍不戰而潰。地理條件也是「死」的，關鍵在於敵我雙方指揮員誰最善於「活」用。善「活」用者勝，不善憑藉者敗。

(3) **石抹也先善因人事**。元將石抹也先奉命隨木華黎攻取金城東京（今遼寧遼陽），偵知金朝新派一名將官來擔任東京留守，於是半路邀殺此將，自己打扮成他的模樣，帶著所獲金朝皇帝的詔令來到東京，對守門者說：「我是新來的留守，給我打開城門。」守門將士誰也沒見過新來的留守，憑著他手中的詔書，只能給他開門。石抹也先賺開城門，進

入東京府中，故意問身邊官吏，在城上設那麼多兵幹什麼，官吏說「為了備戰」。也先說：「我從朝廷來，一路上看到都很安寧，根本就沒有蒙古兵。不要以此來驚擾人心！」下令撤掉守備，當夜又下令換掉三個將佐，從而使東京完全喪失了防衛能力。三天後，元將木華黎率大軍來到東京，不費一箭，得地數千里。這位石抹也先可謂是善用敵之人事而「借屍還魂」者。

總之，運用「借屍還魂」之計，要善於根據當時當地的客觀情況，踐墨隨敵，借勢定計。原理雖只一條，方法卻可變化萬千。

「借屍還魂」之計在商業等領域也有用武之地

一九七八年，美國政府把路易斯安那－太平洋公司所有成材的森林樹木均列入不許砍伐的範圍。該公司總裁默羅為了獲得足夠的原材料以增加公司的收益，決定把那些過去誰也不在意的屬於無用樹種的小樹木利用起來，將它們鋸成薄片，把這些薄片排成三層，使中間的一層紋理和外面的兩層相交叉，製成了比原木板更便宜、更堅硬的三合板材料。後來，他們又用碎報紙和石膏攪拌在一起來提高石膏板的品質，由此而製成的板材，堅固耐用，其隔音效果也比過去的石膏板好，釘入的釘子也不易脫落，還可以用作貼磚等。該公司的生產效率因此大大提高，成本卻大幅度降低。默羅的這一做法，也體現了「借不能用者而用之」的思路。

一九九三年，名不見經傳的巴西葡萄酒對美國的出口量猛增了百分之三十六，使智利、法、德、義大利、葡萄牙等國的葡萄酒在美國的銷售量大為降低。巴西成功的訣竅中就包含著「借屍還魂」的原理。例如，為迎合美國人的口味，他們從肯塔基和田納西購買橡木桶盛裝葡萄酒；給酒起了美國人念起來琅琅上口的名字；請美國第二大葡萄酒公司CANANDAI－GUA公司全權代理銷售。該公司開始不標葡萄酒產地，

給人一種當地生產的感覺。在美國人「喝出點味兒」來並認準了這種酒後，該公司才以「拯救熱帶雨林」的名義公開推銷這種「巴西釀造」的葡萄酒。美國人因為已經喝慣了這種酒，認準了這個牌子，所以照買不誤。這種酒後來一度成為美國市場上第二大暢銷的葡萄酒。

【按】換代之際，紛立亡國之後者，固借屍還魂之意也。凡一切奇兵於人，而代其攻守者，皆此用也。

【按語今譯】每當改朝換代的時候，人們大都紛紛擁立亡國君主的後代，這就是所謂「借屍還魂」。凡是假借別人之手進行戰爭，利用可借用的力量代替自己進攻和防守的，都是對這一謀略的運用。

第十五計
調虎離山

計文

　　待天以困之，用人以誘之。注蹇來反。

今譯

　　利用自然條件使敵人陷入困難境地，再用人事方面的計謀誘騙
他。這就是《易·蹇》卦中講的，我前進會有危險；讓對方來，於
我有利。

「調虎離山」的精義是調動敵人、爭取主動

「調虎離山」是將敵人調離有利陣地或使敵人兵力分散、處於被動地位、然後戰而勝之的謀略。運用此計能否成功的關鍵在於一個「調」字，這就須善於針對敵人指揮官的心理特點，根據當時的形勢，制定出足以誑騙敵人的謀略，使之得出錯誤的判斷，從而做出「離山」的決定。「往蹇（音簡）來反」取之《易·蹇》卦象辭。「蹇」為艱險之意。卦意為：前進會遇到危險；使對方來，於我有利。這就是「調虎離山」之計的哲學底蘊或理論依據。讀此計，一要在戰略、戰役、戰鬥等不同層面掌握調動敵人之法；二要防止中了敵人的調動之計。

將「調虎離山」之計用於戰役戰鬥

從古今中外的戰例看，在戰役戰鬥層面調動敵人「離山」的方法很多。在此試舉幾種。

一是「利而誘之」。「合於利而動，不合於利而止」，這是軍事指揮官的一般心理特點。要敵人離開他的有利陣地，須用某種利益去引誘他，使他見利忘害，智昏意亂，從而受我調動。如西元四二七年，北魏太武帝拓跋燾率兵進攻夏都統萬（今陝西靖邊縣北白城子），統萬城池堅固，夏王赫連昌堅守不出。這樣僵持下去，對守城者有利而對進攻者不利。拓跋燾於是下令退兵，佯示虛弱；並派士兵到夏方詐降，謊稱北魏軍中糧盡，輜重還在後面，步兵也沒有趕到，勸赫連昌及早出戰，必能獲勝。赫連昌果然中計，拓跋燾假裝撤退，將夏軍引誘到深谷之間，伏兵齊出，大敗夏軍，赫連昌逃往上邽（今甘肅天水市），北魏軍一鼓而下統萬。再如，西元一六四三年，張獻忠為攻取岳州（今湖南岳陽），派出一艘滿載糧食輜重的大船沿江而下，引誘守岳州的明將王世

泰等率水兵主力出城攔截。在明軍正興高采烈地搶運船上物資時，早已埋伏在蘆葦叢中和岸邊的起義軍突然殺出，一舉將明軍殲滅，岳州城不戰而克。

孫策像

二是「攻其必救」。即趕鳥出籠，逼蛇出洞，如俗話所說「打了孩子娘出來」，為了使「娘」出來，就去打她的「孩子」。東漢末年，孫策攻打會稽（今浙江紹興）。守將王朗深溝高壘，堅壁不出，想等孫策糧盡退兵時乘勢掩殺。孫策糧運困難，利在速戰，攻城數日而不下，很是著急。他偵察到王朗的糧草大半屯藏於離會稽數十里的查瀆，於是決定改強攻為巧勝。他令少量攻會稽之兵虛張旗號以為疑兵，派出部分兵力攻打查瀆，而在會稽、查瀆之間設下伏兵，準備伏擊王朗的援兵。會稽之敵果然被引了出來，孫策用此計一舉打敗了王朗，佔領了會稽。此類戰例甚多，都是對孫子「先奪其所愛，則聽矣」（《九地篇》）的具體運用。

三是假傳命令。戰場上紛紛紜紜，給以假亂真提供了便利條件。假傳敵人上級命令，往往可以達到賺敵「離山」的目的。如諸葛亮攻魏，圍南安（治所在今陝西渭水東岸之獂〔音環，或音元〕道），南安城高壕深，易守難攻。於是，諸葛亮令人扮做魏軍到臨近之天水（今甘肅甘谷東南）、安定（今甘肅鎮原西南）去送信，要他們出兵援救南安。二城援兵一出，蜀兵就乘機入城，這樣就輕易奪佔了天水、安定二城。諸葛亮又派兵在沿路伏擊來自天水、安定的二路魏軍援兵，前後夾擊，全殲敵軍。南安的援軍及其羽翼既破，遂被蜀軍乘勢拿下。一九一四年，德國海軍部署在黑海的三艘軍艦為攻擊俄國的商船和港口，用截獲的俄海軍無線電密碼以其上級名義給俄軍黑海艦隊司令拍發了一份電報，命

令他率領艦隊駛向黑海東岸。這位俄軍司令接到命令後，未辨真假，就下令起錨出航。德軍軍艦向停留在俄港內的商船和岸上的一些設施猛烈射擊，然後從容離開。待俄軍黑海艦隊司令明白過來以後，德艦已不知去向。

四是「怒而撓之」。如果敵軍指揮官性情暴躁，即可採用此法。五代時，後唐周德威攻柏鄉（今屬河北），後梁將王景仁堅守不出。周德威為激敵出戰，就在早晨派出三百騎兵到梁營前挑戰，盡其所能辱罵敵軍。王景仁被罵得臉紅心跳，怒不可遏，親率守城所有軍兵出城迎戰。周德威邊戰邊退，轉戰數十里，一直打到鄗（今河北柏鄉北）南，兩軍擺開架勢準備決戰。周德威乘王景仁人馬饑困時，揮兵進攻，並讓人一起大喊：「梁軍敗了！梁軍敗了！」梁軍陣勢果然大亂，不能重整，頓時潰不成軍。周德威率軍一直追殺到柏鄉，梁軍屍橫遍野數十里，王景仁僅帶著十餘騎逃脫。

將「調虎離山」之計用於戰略

在戰略上使用「調虎離山」之計因戰略意圖難以隱蔽，所以難度較大，但也不是沒有。我們常說的「誘敵深入」就與「調虎離山」在原理上有相通之處。一八一二年，拿破崙率法軍進攻俄國時，俄軍統帥庫圖佐夫就率領俄軍主動退卻，引誘法軍追到莫斯科，使法軍戰線拖長，軍隊補給困難，法軍戰士挨餓受凍，士氣低落，為俄軍進行戰略反擊創造了有利條件。

防止被敵人調動

要防備敵人對我施行「調虎離山」之計並能採取恰當對策，一要加強指揮官的素質修養，提高自身謀略水準；二要做好情報工作，既掌握敵軍指揮官恆態性品格，又掌握好戰場現實情況；三是注意對各方面來

的情報進行綜合分析研判，善於去偽存真，透過現象看清本質，不為敵人設置的假象所迷惑；四是善於靈活機動地應付敵人所施詭計，將計就計，順勢破敵。

《三國演義》描寫諸葛亮伐魏，其中多有「調」和破「調」之法，讀來令人不覺拍案稱絕。如諸葛亮攻魏，司馬懿堅壁不出。諸葛亮為「調」司馬懿出戰，以巾幗之服相激，司馬懿識破了其中的機竅，寧受辱而不應戰，從而使諸葛亮的「調虎離山」之計落空。諸葛亮二出祁山時，與曹真展開了「調」和反「調」的鬥爭。曹真的本事遠不如司馬懿，終為諸葛亮所「調」。曹真算定蜀兵缺糧，會見糧必劫，於是派出一支假運糧隊伍，引誘蜀兵劫糧，企圖用伏兵將其圍殲；同時又派出主力乘虛襲劫蜀寨。諸葛亮經過分析，判定魏軍運糧隊伍是假的，由此又進一步推出，在其假運糧隊伍不遠處必有伏兵；魏軍會乘蜀兵劫糧之機來襲寨。於是諸葛亮將計就計：命蜀軍空營以待，在營寨周圍設下伏兵以打擊劫營魏兵；同時派兵燒敵所運假糧草，引誘敵人伏兵「出洞」，另設伏兵圍殲魏之伏兵；又在魏寨周圍設下伏兵，在魏軍劫蜀寨部隊出動後，奪取魏軍營寨。曹真想「調」蜀軍，結果反為諸葛亮所「調」，這就是孫子說的「多算勝，少算不勝」了。

「調虎離山」之計，作為一種戰術，在刑事偵察、抓捕逃犯等活動中常被應用；在籃球、足球、排球等競技比賽中，也多能奏效。此計也可作為談判或辯論的技巧，如在談判中故意賣個破綻，引對方來攻，使之陷入被動之中。企業經營也可

諸葛亮像

借鑒此謀，如利用利益驅動原理，使對方主動讓出某些經營產品或有利的地理位置等。但在人民內部關係處理上，應慎用此謀。

【按】兵書曰：「下政攻城。」若攻堅，則自取敗亡矣。敵既得地利，則不可以爭其地。且敵有主而勢大：有主，則非利不來趨；勢大，則非天人合用不能勝。漢末，羌率眾數千，遮虞詡於陳倉崤谷。詡軍不進，宣言上書請兵，須到乃發。羌聞之，乃分抄旁縣。詡因其兵散，日夜進道，兼行百餘里，令軍士各作兩灶，日倍增之，羌不敢逼，遂大破之。「兵到乃發者」，利誘之也；日夜兼進者，用天時以困之也；倍增其灶者，惑之以人事也。

【按語今譯】兵書上說：「下策是攻城。」如果強行攻打堅固的城池，那是自找失敗。敵人既然佔據了有利地形，就不要再去爭奪那裏的土地。而且敵人有統一的指揮而又兵力強盛，就更要慎重。敵人指揮統一，如果無利可圖，他就不會丟了有利地形來和我交戰；敵人兵力強盛，我非將自然條件和主觀努力結合起來加以利用，就不能取得勝利。東漢末年，幾千羌人把武都太守虞詡堵截在陳倉崤谷。虞詡於是停止不前，揚言要向朝廷上書請求援兵，待援兵到後再進發。羌人聽到這個消息後，便不再堵截他，而是分頭到附近各縣去搶掠。虞詡趁羌人兵力分散之機，日夜兼程急行一百多里，還命令每個士兵每天做兩個鍋灶，以後每天都增加一倍。羌人看到後，以為虞詡的救兵已經到了，不敢進攻，虞詡便趁機把他們打得大敗。虞詡開始說等援兵到了後再出發，是為了誘騙敵人分散搶掠；日夜急行軍，是為了爭取時間使羌人陷於困境；每天增加一倍的鍋灶，是為了在人事上迷惑敵人。

第十六計
欲擒姑縱

計文

　　逼則反兵，走則減勢；緊隨勿迫，累其氣力，消其鬥志，散而後擒，兵不血刃。需，有孚，光。

今譯

　　逼迫敵人過甚，會使他狗狂反撲；讓他逃走，就會削弱他的氣勢。對於逃跑的敵人要緊緊跟蹤，但不要過分追逼他，而要消耗他的體力，瓦解他的鬥志，在他體力和鬥志耗散之後，再擒住他。這樣就會不用流血而取得勝利。這就是《易・需》卦爻辭中講的，我因前面有險阻而必須等待，使對方相信我，歸順我，這樣，前途就會變為光明。

「欲擒姑縱」的奧妙是「勝於易勝」

　　「欲擒姑縱」又作「欲擒故縱」，此詞的來源最早可以上溯到《老子》。此書第三十六章中說：「將欲奪之，必固與之。」其中的「與」，就包括「縱」的內容，而「奪」和「擒」意思則是相通的。

　　「欲擒姑縱」的「縱」至少有三個含義。一是放縱，即讓敵人逃走，所謂「窮寇勿迫（一作『追』）」，「圍師必闕」，目的是虛留生路，瓦解敵人鬥志，使之不作困獸之鬥，然後乘機殲滅之。二是「放長線釣大魚」，即放走敵人，對之進行跟蹤，在其與大股或其他小股敵人會合時，將其一網打盡。三是驕縱，即先使敵人驕傲、麻痹，存有幻想或僥倖心理，然後將其消滅，如孫子所說「能而示之不能」，「攻而示之不攻」之類，即是為此。這三個含義要達到的目的，用孫子的話說，就是「勝於易勝」，即把敵人變成容易打敗的敵人，然後再將它消滅。可見，此計不僅適用於對付弱小之敵，也可用於對付強大之敵；不僅可用於戰法、戰術，也可用於戰略。

瓦解敵人鬥志，將其消滅

　　關於「欲擒姑縱」的第一個含義，前人已有很多論述，其要義是為防止敵人作困獸之鬥而予以虛留生路，另設伏兵殲滅之。如，明永樂十七年（一四一九年），明將劉江鎮守遼東，在望海堝（音鍋，今遼寧金縣東北）發現有倭寇乘三十餘艘艦船來犯。劉江命令士兵依山埋伏，另外派兵截斷敵人歸路，然後用步兵迎戰敵人，步兵假作失敗，將敵人引入伏擊圈中，先用大炮轟擊他們，隨後伏兵一起衝殺。倭寇大敗，逃到附近櫻桃園的一個空堡裏，擺出拼死決鬥的架勢。為避免與拼命的敵人交鋒，劉江命令在堡西留一缺口，誘騙敵人從那裏逃走。倭寇果然上當，如喪家之犬一樣紛紛逃命，抵抗能力大為減弱。明軍在其逃跑途中

進行兩路夾擊，較為容易地將敵人全部殲滅。劉江採取的就是對窮寇虛留生路、瓦解其鬥志，在其逃跑時設計殲滅的方法。

這裏需要說明的，一是「縱」敵的目的是為了「擒」，是「姑」縱，而不是「長」縱，這就必須要有周密的安排和足夠的力量；否則，就不是「欲擒姑縱」，而是「縱虎歸山」了。二是對孫子「圍師必闕」的「闕」不可只做形而上學的理解，認為只有有形的網開一面才是「闕」，將敵四面包圍起來就不行。這樣理解就失之於偏狹死板了。「闕」的目的是為了使敵人懷有生的希望，「投降不殺」的政策也給敵人指明了生路，同樣也可以瓦解敵人的鬥志，這也是一種「闕」，是一種無形的「闕」，精神上的「闕」。因此，當我兵力處於絕對優勢時，在包圍形式上不必非要留有缺口，有時將其圍得鐵桶一般，同時大力宣傳優待俘虜之類的政策，同樣也可迫敵投降。事實證明，把「圍師必闕」的「闕」理解為「給生路」更有指導意義，至於在包圍形式上是否留有缺口，則可根據當時情況靈活掌握，大可不必拘泥。

「放長線釣大魚」

「欲擒姑縱」的第二個含義，是用「放長線釣大魚」的辦法擒獲敵人，或取得長遠的更大的利益。這樣的例子就更多了。與暗藏的敵人作鬥爭，比如剿滅山林土匪，打擊暗藏的敵特份子，偵破各種犯罪案件等，開始發現的線索往往都是比較零散的、次要的。為了抓住主要敵人並將其一網打盡，聰明者往往都會採取「欲擒姑縱」的策略。

孟獲像

此計「按語」所舉諸葛亮七擒孟獲之事，載於《漢晉春秋》。歷史上是否真有其事，學術界有些不同看法。我們在此不去說它。我們要說的是，「按語」的作者認為，「武侯之七縱，其意在拓地，在借孟獲以服諸蠻，非兵法也。若論戰，則擒者不可復縱」。這一看法不盡準確。如果諸葛亮七擒七縱孟獲是真的，那麼，他「借孟獲以服諸蠻」的做法，也屬「兵法」範圍。中國的「兵法」並不僅僅是講戰役戰術問題，它還講戰略乃至大戰略問題；它不但講攻城略地問題，它還講攻心服人問題。「若論戰」，「擒者」「復縱」並非不可，而且有時非如此不可。漢光武帝劉秀「推赤心置人腹中」以服銅馬，唐太宗義釋尉遲敬德而得其死力，岳飛重用有殺弟之仇的楊再興，努爾哈赤不殺射傷自己的敵人反封以官職，等等，都是如此。他們這樣做，在品格上是出於大度，在膽略上是出於遠見。而這些品格修養和膽略眼光，都是在「兵法」研究和實踐範圍之內的。讀者不要因「按語」的話而被誤導了。

驕敵心志，後發制人

關於此計的第三個含義，即驕縱敵人，也是一種有效的制勝之法。如晉文公在城濮之戰中對楚軍「退避三舍」，既避其鋒芒，又驕其心志，從而達到了後發制人、一舉打敗楚軍的目的。三國時，孫權曾勸曹操加冠進冕，君臨天下，其意亦在孤立打擊曹操。只是曹操聰明，看出這個「碧眼小兒」是想把他「往火爐上放」，所以才沒有上當罷了。

匈奴冒頓（音墨毒）單于繼位不久，強敵東胡經常挑釁，有一次竟然提出要冒頓將他父親頭曼單于的千里馬和一位閼氏（音煙

冒頓單于像

支，單于妻或妾）獻給東胡。匈奴群臣感到受了莫大侮辱，紛紛要求與東胡開戰，冒頓看到條件還不成熟，決心忍辱負重，於是將千里馬和自己的愛妻真的獻給了東胡，對其進行驕縱政策。同時率領本部族發憤圖強，積極進行戰爭準備。在自己力量強大之後，乘東胡「輕冒頓，不為備」之機，突然襲擊東胡，使東胡從此衰落，反而變成了匈奴的附庸。這些已屬大戰略層次上的「欲擒姑縱」，亦可以給我們許多有益的啟示。

在經營上處理好投入與產出的關係

「欲擒姑縱」、「欲取姑予」的謀略原理在政治鬥爭、外交鬥爭、商戰乃至日常人際交往中都可借鑒。比如，在經營上，只有高明的投入，才可能有高效的產出。這就需要經營者能看準機，把握好度，做出正確的決策並靈活地付諸施行。

起初國內很多企業都認為做電視廣告不合算，不願意花這個「冤枉錢」。但許多有市場經驗的外商卻不這樣認為。普羅克特─甘布爾有限公司、菲利普、莫利斯有限公司、可口可樂等五十多家代理商為在中國電視「黃金時間」裏亮相，互相之間展開了激烈角逐。他們認為，在這個時間裏中國的電視觀眾可達六億人，花二十萬美元在國家電視臺做一分鐘的廣告，是一筆最上算不過的交易。一位推銷商說：「在這個國家裏，也許百分之九十九的人買不起你的產品，但是能爭取到百分之零點五的買主，花這筆廣告費也太值得了！」據報導，在一段時間裏，中國境內數以千計的兜售電視黃金時間作廣告的中間商應運而生，外商們為爭取到在這段時間裏的電視上有一席之地，不得不「低三下四」地去巴結那些中間商。他們說，誰也不願意低三下四地求人，但一想到中國有十二億消費者，做起來也就不覺得難為情了。這是什麼道理呢？這就是「將欲奪之，必固與之」的心理在驅動著他們。國內有的企業看到人家

透過做電視廣告賺大錢後，又走到另一極端，不從本單位實際出發，不在產品品質上下功夫，不惜傾家蕩產去花錢做電視廣告，結果，搞得自己得不償失，入不敷出，甚至把企業也搞垮了。可見，「欲取姑予」，「予」要有度；「欲擒姑縱」，「縱」要能「擒」。「予」而無度，「縱」而無「擒」，也是會壞事的。

【按】 所謂「縱」者，非放之也；隨之，而稍鬆之耳。「窮寇勿追」，亦即此意。蓋不追者，非不隨也，不迫之而已。武侯之七擒七縱，即縱而躡之，故展轉推進，至於不毛之地。武侯之七縱，其意在拓地，在借孟獲以服諸蠻，非兵法也。若論戰，則擒者不可復縱。

【按語今譯】 此計中所說的「縱」，並不是聽任敵人逃走而不管，而是要跟蹤他，使他在精神上有所放鬆。孫子說的「窮寇勿追」，也就是這個意思。所謂「不追」，並不是不跟蹤，只是不過分逼迫他罷了。諸葛亮對孟獲七擒七縱，就是在放走孟獲後跟蹤他，所以輾轉推進，一直到了邊遠荒涼之地。諸葛亮七次放走孟獲，目的在於擴展疆土，在於利用孟獲來安撫邊疆各族，是出於政治策略的考慮，而不是按照兵法辦事。如果講到作戰，對捉到的敵人是不可以再放走的。

第十七計
拋磚引玉

計文

類以誘之。擊蒙也。

今譯

　　要用極其相類似的事物造成假象，以引誘敵人。如同《易·蒙》
卦中講的，使對方變得蒙昧無知。

「拋磚引玉」是指用巧妙的偽裝誘騙、打擊敵人

這裏的「拋磚引玉」可不是什麼客氣話

「拋磚引玉」一詞出自宋朝道原撰《景德傳燈錄》。書中載，唐代詩人趙嘏（音古）來到吳地，一個叫常建的人想得到他寫的詩，打聽到他要遊靈巖寺，就先在那裏的牆壁上題了兩句詩。趙嘏看到後，引發了詩興，就在常建題的詩後面補續了兩句，成了一首絕句。常建的詩不如趙嘏的好，所以後人說常建這是「拋磚引玉」。據史料記載，常建為唐玄宗開元（七一三—七四一年）時進士，趙嘏於武宗會昌二年（八四二年）進士及第，當時常建已死。此事顯然不符合史實。但這句成語卻因此而廣泛流傳開來，成為人們表示以淺拙引出高明的自謙之詞。

《三十六計》裏的「拋磚引玉」可不是什麼客氣話，其含義與我們平常說的「拋磚引玉」有很大的不同。這裏的「拋磚引玉」意為用極巧妙的偽裝誘騙敵人，用小失換大得。這裏有兩點需要注意：一是磚比玉的價值小得多，故「拋磚引玉」含有以小的代價換取大的利益的意思；如果不是這樣，得不償失，或得到的效益不大，那就不划算了；二是磚與玉在形狀上有相似之處，所以此計要求以相類的事物示假隱真引誘敵人，這就必須進行巧妙的偽裝；否則就難以達到欺騙敵人的目的。此計正文說：「類以誘之。擊蒙也。」即意為用類同的偽裝引誘敵人。如同《易·蒙》卦中講的，使對方變得愚昧無知再打擊它。此計和「欲擒故縱」、「調虎離山」等計比起來，雖都屬用欺騙手段調動敵人的謀略，但此計更注意調動敵人的技巧和效益。

「拋磚」能否「引」來「玉」，關鍵看「磚」「拋」得是否高明。這就要軍事指揮官無論是進攻，還是防守，都必須善於因時、因勢、因

敵、因地靈活地制定能夠誘騙敵人的計策。

進攻作戰中的「拋磚引玉」

英軍的「肉餡行動」。一九四三年四月三十日，西班牙人在韋爾發城的海灘上發現了一具身穿英國皇家海軍陸戰隊戰地服裝的屍體，從死者身上搜到的證件表明，此人是英美聯合行動司令部參謀馬丁少校，在乘飛機去盟軍地中海聯合艦隊的途中，因「飛機失事」落海身亡。這位少校身上帶有盟軍聯合作戰司令蒙巴頓寫給盟軍最高司令艾森豪威爾的信、英國副參謀長的信等重要信件，信件上說，盟軍為了迷惑敵人，準備以進攻義大利的西西里島為假象，掩護從希臘登陸作戰的真實目的。西班牙人與納粹德國關係密切，立即把這些信件拍成照片交給德國人。德國人看到這些信件，如獲至寶，很快將駐紮在西西里島的兵力調往希臘，在西西里島僅留下了少量駐軍。

其實，這是英國情報機關精心安排的取名為「肉餡行動」的圈套。他們從醫院弄來了一具無人認領的屍體，把他打扮成「馬丁少校」，將他盛在放著乾冰的大木箱裏，用潛艇運往「飛機失事」地點。然後，英國駐西班牙大使館人員煞有介事地要求西班牙當局幫助尋找「飛機殘骸」；大使館海軍武官還特地趕到西班牙海軍部進行交涉等。這一系列措施使德國人信以為真。盟軍因此輕易地從西西里島東南部登陸，攻佔了這個具有戰略意義的島嶼。英國人精心策劃的這一行動，無疑也是一次「拋磚引玉」的傑作。

防守中的「拋磚引玉」

南軍騙敵有術。「拋磚引玉」之計在現代高科技條件下的戰爭中仍可借鑑和運用。如在一九九九年發生的科索沃戰爭中，南斯拉夫軍隊為了欺騙北約的衛星和偵察機，就把自己的坦克藏在綠樹林裏，在坦克附

近點上一盞油燈，或放上一台燃油機，使敵軍衛星或飛機上的熱成像儀或紅外線相機對這些目標失去偵察作用，這些坦克因此得以保存下來。為了保護真的橋樑，南軍有時就在真橋不遠處用塑膠架一座假橋，引誘敵機來攻，使北約的精確制導炸彈打掉了假橋，真橋卻得以保存下來。南軍有時還把一根長木棍插在破卡車的前部，把這些東西打扮得跟真坦克一樣，吸引北約的飛機前來輪番轟炸。美軍飛行員從一萬五千英尺的高空根本分不清這些目標的真假，轟炸完後就向上級報告「擊中目標」。北約最高指揮機關因此搞不清他們的飛機到底摧毀了南軍多少軍事目標。北約盟軍最高司令克拉克專門派了一個地面戰果調查小組進行調查，這個調查小組的調查結果是：盟軍出動飛機三萬八千多架次，發射或投擲各型導彈二萬三千餘枚，其中精確制導炸彈五千二百八十五枚，對南聯盟四十多個城市的九百多個目標進行了空中打擊。但實際上美軍只炸毀了南軍十四輛坦克、十八輛裝甲車和二十門大炮。北約盟軍認為此報告沒有反映他們的「積極戰果」，在一九九九年底發表的戰果報告中改成了擊毀南軍坦克和自行火炮九十三輛，裝甲運輸車一百五十三輛。而南聯盟陸軍司令帕夫科維奇稱，在這場「空中浩劫」中，南軍駐科索沃部隊只損失了十三輛坦克！

經營管理中的「拋磚引玉」

「拋磚引玉」之謀在企業管理等領域也可以廣泛運用。懂得其中奧秘，既可用於正當經營，提高企業效益；又可防止被人誘騙，保住自己的「玉」不被人用「磚」換走。中國某廠生產出一種新的高品質的洗衣粉後，廠長決定把請明星做廣告需要花費的錢省下來，用到「上帝」們身上去，請消費者自己去鑒定。他們把洗衣粉分裝在精製的小塑膠袋中，選擇一些資訊暢通的地區，將這些小袋洗衣粉贈送給那裏的尋常百姓家，請他們試用。「上帝」們試用後，認為這種洗衣粉品質確實好，

於是一傳十，十傳百，「桃李不言，下自成蹊」，這種洗衣粉很快就成了暢銷產品。這家工廠的老闆就很善於運用「拋磚引玉」之謀。

【按】誘敵之法甚多，最妙之法，不在疑似之間，而在類同，以固其惑。以旌旗金鼓誘敵者，疑似也；以老弱糧草誘敵者，則類同也。

【按語今譯】誘騙敵人的方法很多，最好的方法不是使假的看起來像真的，而是要用極為類似的事物造成假象，使假的看起來就是真的，以加強它的欺騙性，使對手堅信不疑。用旌旗金鼓虛張聲勢，以誘惑敵人，這就是「使假的看起來像真的」那種做法；用老弱士兵或糧草這種真人真物造成假象，以誘惑敵人，這就是「用極其類似的事物造成假象」的做法。

第十八計
擒賊擒王

　　摧其堅，奪其魁，以解其體。龍戰於野，其道窮也。

　　摧毀敵人堅固的防守，擒獲他們的首領，用以瓦解敵人的全
軍。這就是《易·坤》卦中講的，龍戰於郊野，說明它已陷入道窮
智困的絕境。

「擒賊擒王」是打敵首腦或要害的謀略

「擒賊擒王」講的不是勝後取利問題

「擒賊擒王」這個成語見杜甫《前出塞》詩之六：「射人先射馬，擒賊先擒王。」最早這可能是一句民間諺語。杜甫將其引入詩中。後人用以比喻做事要抓住要害。《三十六計》中的「擒賊擒王」是指打敵首腦或其要害部位，使其指揮系統癱瘓，軍隊因而迅速解體；或進而解釋為集中精力抓軍事鬥爭中的主要矛盾，主要矛盾一旦解決，其他矛盾即可迎刃而解。此計正文中說：「摧其堅，奪其魁，以解其體。龍戰於野，其道窮也。」正與此意相符。其中「龍戰於野，其道窮也」取之《周易‧坤》卦象辭，喻指殷紂王因失道被迫與周武王在牧野（在今河南淇縣北）決戰，兵敗自焚之事。紂王一死，即宣布了商朝的滅亡。

但此計的「按語」卻對正文解釋得不夠準確。作者認為，「擒賊擒王」之計只是在戰勝敵人之後怎樣取利時使用，所謂「攻勝則利不勝取。取小遺大，卒之利、將之暴、帥之害、功之虧也」，這種解釋有失偏狹。在戰爭未勝之前，也同樣需要或更需要使用此計。此計是致勝之謀，而不僅是勝敵人後的取利之方。俗話說：「人無頭不走，鳥無翅不飛。」擒敵首腦，打其要害，向來是克敵制勝的要訣。不僅戰法戰術上是如此，在軍事戰略乃至國家戰略上也不例外。從「按語」不能準確解釋此計正文內容來看，說明《三十六計》的正文與「按語」作者應不是同一人。

「擒賊擒王」的原理在古今中外的戰爭中得到過廣泛運用，大體可分成用作戰手段「擒王」和用非作戰手段「擒王」兩種方式。

用作戰手段「擒王」

(1) **史寧必擒獠甘**。西元五五〇年，西魏驃騎大將軍史寧領兵討伐羌人，打了一個勝仗，但沒有抓住羌人首領獠甘。史寧部下都想早點回家，不願再追擊了，勸史寧乘勝班師，他們說，我們見好就收吧，回去照樣可以得賞賜。如果追擊被打敗了，反倒會前功盡棄。史寧說：「一日放走敵人，幾代人都會遭受禍患。我們怎能捨棄全殲敵人的機會撤軍，而要讓朝廷再次出兵討伐呢？」堅持繼續追擊，直到捉住了獠甘才凱旋回朝。此後河陽（今河南孟縣）一帶才得到安寧。看來這位史寧就很懂得「擒王」的重要性。

(2) **蘇定方終擒沙缽羅**。唐高宗時，西突厥勢力強大，經常侵掠唐朝邊境。高宗曾命左武衛大將軍梁建方、右驍衛大將軍契苾何力為弓月道行軍總管，率兵八萬，攻打西突厥沙缽羅可汗阿史那賀魯部，大破其處月、處密等部；後又派蔥山道行軍大總管程知節率軍進討沙缽羅部，也斬獲了萬餘人。但這兩次出兵均因小勝輒止，沒有乘勝追擊，擒獲敵首，所以，沒有取得徹底勝利，西突厥仍不斷為患唐朝邊境。顯慶二年六五七年）閏正月，唐高宗任命右屯衛將軍蘇定方為伊麗道行軍大總管，率軍第三次征討西突厥。蘇定方在曳咥河（今額爾齊斯河上游）大敗沙缽羅軍，追殺三十里，斬獲數萬人。蘇定方抱定擒賊必擒王的決心，下令乘勝追擊。當時天下大雪，平地雪就有二尺厚。有人建議等晴天後再追擊，蘇定方說：「敵人認為雪深我們不會追擊他們，必會休息士馬。我軍正可乘機將其擒獲。如果我們放過這一機會，敵人就會逃到很遠的地方，我們想追也追不上他們了。省日兼功，正在此時！」於是，命令大軍冒雪行進，終於將沙缽羅擒獲。從此，唐才統一了西突厥全境，唐北部邊境獲得了較長時間的安寧。

(3) **現代戰爭中的「擒賊擒王」**。在現代戰爭中，「擒賊擒王」的原

則仍被廣泛運用，而且有時被運用於國家戰略之中。一九八六年，美國空襲利比亞，一個重要目的就是想炸死利比亞總統卡扎菲。空襲過後，當美國總統雷根聽說只「炸死卡扎菲一歲半的養女，炸傷他的兩個兒子，但卡扎菲本人逃脫了」時，十分沮喪地說：「這是最大的遺憾！」一九八九年，美軍入侵巴拿馬，要求「開動所有監視系統」，務必抓住巴拿馬總統諾列加。最後終於把他關進美國的監獄。二〇〇三年，美軍在伊拉克戰爭中制定的「斬首」行動計劃及實施，更是明確體現了「擒賊擒王」的戰略指向，並最終將海珊擒獲。一九七九年，蘇聯入侵阿富汗，其中一個重要目的，也是為了推翻阿明領導的阿富汗政府，重新建立一個親蘇聯的政權。在今後的戰爭中，「擒賊擒王」這一戰略策略還會被繼續不斷地使用。

二十世紀八〇年代以來，出現了一種新的作戰樣式，這就是遠距離、長時間、多方位、高精度的聯合火力打擊。這種作戰樣式要求最大限度地集中使用遠戰兵器。選擇敵要害目標，採取「點穴式」打擊。如北約在科索沃戰爭中，大量使用導彈、飛機等「非直接接觸」的遠戰兵器，對南聯盟的防空系統、C3I系統、軍事首腦機關以及電廠、橋樑、煉油廠等國家要害目標進行大強度、長時間的打擊，使南聯盟很難有還手之力。這一作戰樣式的出現，對傳統的「後發制人」、「以空間換時間」等思維模式提出了挑戰，是需要認真研究的。

用非作戰手段「擒王」

「擒王」，不一定非要透過作戰方式達到；一些高明的謀略家同時也非常重視運用「不戰」手段來達到「擒王」的目的。

(1) **曹沫「綁架」齊桓公**。春秋時，魯國武士曹沫（即曹劌）陪魯莊公與齊桓公在柯（今山東陽谷東）相會，齊桓公自恃國力強大，十分傲慢，又疏於戒備。曹沫乘機用劍挾持齊桓公，要他歸還被齊國侵佔的

魯國土地。齊桓公為了活命，只好答應了他的要求。在今天看來，曹沫的行為是違反「國際法」的；但在當時，尚無此說，曹沫的做法因而並未受到「國際」輿論的譴責，反而得到了承認。事後齊桓公想反悔，還遭到了管仲的反對，說是做國

宋太宗趙光義像

君的應當說話算數，只有這樣，才能取信於諸侯。齊桓公最終還是照著盟約辦了。曹沫就很懂得「擒王」的重要，抓住了齊桓公，勝過打敗他的千軍萬馬，因此他不戰而收回了失地。

(2) **秦國用重金「擒王」**。戰國時的秦國就是這樣做的。秦國的決策者很注意在各國最高決策層內務色、爭取和扶植親秦份子。如齊王建就一直是秦爭取的對象；楚、韓、魏、趙、燕等國中也都有親秦勢力存在，每到關鍵時刻，他們常常出來為秦說話。秦讓這些敵對營壘裏的要人為己所用，坐收「戰」所得不到的利益。為達此目的，他們不惜用重金收買六國中的權臣，收到奇效。如齊王建的相國后勝就因「多受秦間金」而為秦效力，「多使賓客入秦，秦又多予金，客皆為反間，勸王去縱朝秦，不修攻戰之備」(《史記·田敬仲完世家》)。齊國的國家最高權力機構中的主要人物已為秦所「擒」，可想而知，齊國滅亡自然就是不可避免的了。

(3) **宋太宗用敵之「所愛」「擒王」**。宋太宗時，抓住了西夏主李繼遷的母親，朝中有人主張將她殺掉，以報復李繼遷，解解心頭之恨。宰相呂端不同意，主張把她留下來，引而不發，用以挾制李繼遷，使他在

侵掠邊境時有所忌憚。宋太宗採納了他的建議。這對李繼遷後來的行動果然很有制約作用。如果當時宋朝殺了李繼遷的母親，手中就失去了制約李繼遷的「牌」，宋、夏關係會雪上加霜，宋朝西部邊境的戰事就會更多了。事實證明，擒住了敵人的「王」，就抓住了牛鼻子，握住了刀把子，就會有主動權。換句話說，「擒王」是「擒賊」的重要手段。所以，聰明的決策者往往都把著眼點放在「擒王」上。

「擒賊擒王」在非軍事領域的應用

將「擒賊擒王」的基本原理運用於日常生活和工作當中，就要善於抓主要矛盾。抓住了主要矛盾，就會事半功倍；否則，鬍子眉毛一把抓，就會收效甚微，甚至事與願違。比如，目前經濟犯罪屢禁不止，其中一個重要原因，就是對主要案犯打擊不力。古人云：「豺狼當道，不治狐狸。大惡既除，小過自已。」講的就是這個道理。漢哀帝時，鍾元為尚書令兼領廷尉，他的弟弟鍾威做穎川（今河南禹縣）郡掾，仗著他哥哥的權勢，在地方勾結豪強，仗勢不法，使盜賊橫行鄉里，穎川號為難治。長於法治的何並被任命為穎川太守，臨行前，鍾元代為弟弟求情，何並予以拒絕。鍾元只好告知弟弟，鍾威聞風逃匿。何並一到穎川，馬上派文吏治獄，武吏追捕，終於將鍾威等三名首犯依法斬首。從此，郡中寧靜，穎川稱治。歷史經驗證明：打擊犯罪活動，不解亂結，其亂難理；不治罪魁，其法難行。只有「擒賊擒王」，才會懲一儆百，達到對全社會進行深刻教育的目的。古語說：「殺雞給猴看。」這樣做，雖有效，但亦有限。猴搗亂，不殺猴，而去殺雞，時間一長，不但「猴」們更加不怕，「雞」們也會「抗議」甚至「造反」。必要時，殺「壞猴」給猴們看，效果會更好。

企業經營，也必須善於抓主要矛盾。美國百事可樂國際集團有七百多家灌裝廠分布在一百六十多個國家和地區，這些國家和地區民族不

同，文化風俗不同，國家制度不同，但該公司大都能在那裏把生意做得興旺。他們的一條基本經驗就是緊緊抓住「品牌觀念」這一關鍵環節不放，想盡一切辦法使職工明白，有了優質的品牌，才有公司的生存和發展，才有職工待遇的提高；損害品牌，就是損害公司，就是損害職工自己。他們「抓牛鼻子放牛腿」，較好地調動了職工的積極性和責任感，確保了產品品質，因而使銷售額不斷增長。

【按】攻勝則利不勝取。取小遺大，卒之利、將之累、帥之害、功之虧也。全勝而不摧堅擒王，是縱虎歸山也。擒王之法，不可圖辨旌旗，而當察其陣中之首動。昔張巡與尹子奇戰，直衝賊營，至子奇麾下，營中大亂，斬賊將五十餘人，殺士卒五千餘人。巡欲射子奇而不識，剡蒿為矢，中者喜，謂巡矢盡，走白子奇，乃得其狀。使霽雲射之，中其左目，幾獲之。子奇乃收軍退還。

【按語今譯】戰勝敵人之後，往往利益取不勝取。如只顧取小利，就會丟掉大利。這對士卒可能有利，而給偏將卻會帶來麻煩，給主帥則更是禍害，這樣的成功往往得不償失。即使大獲全勝，但如果沒有摧毀敵人堅固的防守，沒有捉住他們的首領，那就是放虎歸山。分辨和擒獲敵人首領的方法，不能只看敵方的旌旗標誌，而應當注意觀察敵陣中首腦部位的動靜。從前張巡和尹子奇作戰，唐軍一直衝殺到尹子奇的帥旗之下，敵營大亂，張巡的軍隊斬敵將五十多人，殺其士卒五千餘人。張巡想射死尹子奇，但由於陣中混亂而找不到他，就讓士兵削了蒿草桿當箭射。中了這種蒿草桿的人很高興，認為張巡軍中已沒有箭了，趕緊去向尹子奇報告。張巡據此找到了尹子奇，讓南霽雲瞄準放箭，一箭射中了尹子奇的左眼，差一點兒把他俘虜。尹子奇只好收兵退回。

第四套
混戰計

第十九計
釜底抽薪

計文

　　不敵其力，而消其勢。兌下乾上之象。

今譯

　　兩軍對壘，不要直接與對手進行實力較量，而要設法削弱敵人的有利態勢。這就是《易‧履》卦所說的以柔克剛。

「釜底抽薪」是避敵外鋒、奪其根本的謀略

「釜底抽薪」不只是攻心奪氣

「釜底抽薪」這個成語所見較早的出處應是《呂氏春秋·盡數》篇：「夫以湯止沸，沸愈不止。去其火則止矣。」西漢景帝時的文學家枚乘在《上書諫吳王》中也講到：「欲湯之滄（音創，全句意為想使熱湯變冷），百人揚之，無益也；不如絕薪止火而已。」《淮南子·精神訓》中說：「以湯止沸，湯乃不止。誠知其本，則去火而已矣。」可見這個成語源流之長。這裏的「揚湯止沸」是比喻暫時解困濟難的方法，不能徹底解決問題。而「釜底抽薪」的含義恰與之相反，比喻從根本上解決問題。如北齊史學家魏收所作《為侯景叛移梁朝文》中說：「抽薪止沸，剪草除根。」即是此意。由於「揚湯止沸」和「釜底抽薪」這兩個成語在內容上相互對應，所以經常被人們對比著使用。如《三國演義》第三回中董卓就講過此話：「揚湯止沸，不如去薪；潰癰雖痛，勝於養毒。」董卓其人不足道；但如果他真講過此話，那還是不錯的。

《三十六計》中的「釜底抽薪」之計，側重於講避敵之外鋒而消減其內勢，去其根本，不戰而勝。此計正文中說：「不敵其力而消其勢。兌下乾上之象。」講的正是此意。什麼叫「兌下乾上」？此話取之《易·履》卦，在《易》中，乾為天，兌為澤，「兌下乾上」，是說以陰消陽，以柔克剛。《三十六計》中，此計「按語」前幾句話說得大體不錯：「水沸者，力也，火之力也，陽中之陽也，銳不可當。薪者，火之魂（火的根本）也，即力之勢也，陽中之陰也，近而無害。故力不可當而勢猶可消。」但接下來，作者把「抽薪」僅理解為「攻心奪氣」，則失之偏狹，因為「釜底抽薪」之法，絕不僅至於此。

混戰計 第四套

149

「抽」經濟之「薪」以「止」戰爭之「湯」

眾所周知，戰爭是一種政治行為。但支持這種政治行為的基礎卻是經濟。換句話說，戰爭是「釜」中沸騰了的「政治」之「湯」，而起決定作用的卻是「釜」下的「經濟」之「薪」。一旦把這個「薪」抽掉，「釜」中沸騰的「湯」自然會平靜、冷卻。所以，古今中外有許多的戰略家都很注重用經濟手段控制、駕馭並贏得戰爭。

(1) **齊桓公用經濟「制裁」楚國**。《管子‧輕重戊》中記載了這樣一件事：齊桓公想制服強大的楚國，害怕用軍事手段打不贏，就問管仲怎麼辦。管仲建議用經濟上的「戰鬥之道」來制服它。於是齊桓公根據管仲的建議，營建了一片方圓百里的鹿苑，派人到楚國用高價收購活鹿。楚國鹿的價錢大約是一頭八萬錢。管仲對楚國的商人說，您給我販來二十頭活鹿，我給您金（銅）一百斤。鹿增加十倍，我給您金一千斤。由於齊國出的收購活鹿的價格非常之高，所以楚國的男人們都忙著在野外捉鹿，女人們則為偵察鹿的蹤跡而整天住在路旁，總之，楚國舉國上下都在棄農而獵鹿。過了一段時間後，齊國百姓藏糧增加了五倍，楚國則因出賣活鹿存錢增加了五倍。這時，齊桓公採納管仲的建議，下令各諸侯國封閉與楚國的所有關卡，不再與楚國發生貿易關係，相當於現代說的「經濟制裁」。楚國人手中雖有錢，但買不到糧食，其國內糧價高達每石四百錢，全國上下鬧起了糧荒。齊國派人運糧到芊地（今地不詳）的南部去賣，楚國人因此而歸順齊國的有十分之四。經過三年的「制裁」，楚國實在吃不消了，只好降服了齊國。在這場鬥爭中，齊國沒有與楚國硬拼軍事實力，而是和它打「經濟戰」，正如《三十六計》中所說的「不敵其力而消其勢」，從而達到了「不戰而屈人之兵」的目的。這無疑是一種很高明的「釜底抽薪」之計。

(2) **阿拉伯打「石油戰」**。一九七三年十月，爆發了第四次中東戰

爭。阿拉伯國家為了打擊以色列及其支持者，就聯合亞、非、拉及其他產油國家，以石油為武器展開鬥爭。他們主要採取了兩條措施：一是抬高石油價格，使發達資本主義國家增加了石油進口費用，加劇了油價上漲，因而使發達國家喪失了較大的原油利潤，使其經濟「滯脹」更加深化，石油輸出國則因此增加了收入。二是以石油分化敵方營壘，其政策是，「誰要想得到石油，誰就必須是阿拉伯人的朋友」。阿拉伯的石油部長們把歐洲石油購買者分成敵、友兩類：同情以色列者為敵人，騎牆者也被列為敵人，支持阿拉伯者為朋友。這對那些敵視或漠視阿拉伯人而又每天要進口數百萬桶石油的國家來說，無疑是致命的打擊。歐洲共同體國家因此立場發生了轉變，他們要求以色列撤回到十月二十二日的停火線以內。作為石油禁運的主要對象—美國，也因此低下了昂出天外的頭，開始對以色列施加壓力，勸他們接受阿拉伯人的某些條件。第四次中東戰爭爆發十八天以後，在美國和蘇聯的干涉下，阿、以雙方停火。但阿拉伯人仍然利用石油武器進行鬥爭，他們揚言如果繼續進行戰爭，阿拉伯將停止全部石油生產。阿拉伯世界用這種釜底抽薪的戰略，制止了第四次中東戰爭的蔓延。在二〇〇二年爆發的以色列入侵巴勒斯坦的戰爭中，伊拉克總統海珊建議，對支持以色列的國家實行石油禁運，仍是沿用這一思路。只不過這一次由於阿拉伯世界分化嚴重，這一建議沒有形成統一行動，因而也沒達到制止以色列入侵巴勒斯坦的目的。

以文化之「薪」燒政治之「湯」

以意識形態畫線是美國大「煮」戰爭之「湯」的一根粗「薪」。打「文化仗」，也是一些戰略決策者常用的一種「釜底抽薪」之術。現在，美國和阿拉伯世界不但在打軍事仗，而且也在打「文化仗」。這種「文化仗」又恰恰是其打軍事仗的一個重要原因。現在美國政府戰略思維的

一個重要特徵就是以意識形態畫線，實行黨同伐異。他們對不同的民族文化、不同的社會制度、不同的價值觀念等，從內心深處厭惡和排斥。他們不管別國的國情如何，一概軟硬兼施，甚至不惜使用武力推行自己的價值觀念，用非民主的手段推行自己的「民主」，用唯我獨尊的理念反對獨裁，用「高懸霸主鞭」的姿態威懾世界所有持不同政見的國家和地區，用獨一無二的口氣對世界喊話。總之，是順之者昌，逆之者亡。這是美國對一些國家進行封堵、遏制的一個重要原因。

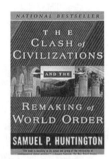

塞繆爾‧亨廷頓及其名著《文明的衝突與世界秩序的重建》書影

反恐戰爭開始，提出過「文明衝突論」的美國哈佛大學政治學教授塞繆爾‧亨廷頓非常擔心美國打擊恐怖主義的行動會演變成「伊斯蘭教與西方文明之間的衝突」。他在接受記者邁克爾‧施泰因貝格採訪時憂心忡忡地說：「我國政府的首要任務是設法阻止它（指反恐怖戰爭）成為文明的衝突。但它確實有朝著那個方向發展的危險。（美國）政府試圖團結穆斯林政府和人民，做得好。但美國國內一些人強烈要求打擊其他恐怖組織及支持恐怖組織的國家，我覺得，那樣就有可能擴大成文明的衝突。」（見《參考消息》二○○一年十月二十四日《不要把反恐戰爭擴大成文明衝突》）突尼斯歷史學家、伊斯蘭問題專家穆罕默德‧塔勒比在法國《非洲青年》二○○一年十二月二十四日發表文章，則針鋒相對地指出，穆斯林「走上街頭抗議，不是為了賓‧拉登，而是為了反

抗美國人蠻橫無理、四處插手的霸權」。伊斯蘭教「並不是支持賓‧拉登，而是反對產生賓‧拉登的罪惡根源，即反對妄圖恢復二十世紀二〇年代殖民世界的新帝國主義」。這位伊斯蘭問題專家無疑非常敏銳地認識到了這場鬥爭的真正實質：美國人的行為是受其意識形態支配的，他們中的有些人要消滅的是異類文明，目的是最終以西方文明統一世界。塔勒比的這一觀點「抽」到了美國進行這場戰爭的「薪」。但阿拉伯人的統治者們並沒有都真正認識到這一點，他們各自的自我中心意識太強，價值觀太過狹隘，其力量太分散，因而不能形成統一的力量，甚至豆其相煎，互相傷害。其中教訓，足夠他們事後自己總結的。

戰役戰術上的「釜底抽薪」

以上講的都是戰略上的「釜底抽薪」。「釜底抽薪」的基本精神是鬥智不鬥力，其中含有避實擊虛、以迂為直等多種含義，不但戰略上可以運用，戰役戰術上也可運用。如西漢初年，漢將韓信在井陘（在今河北井陘東）一帶指揮的對趙歇之戰，後人多稱讚其背水結陣的指揮藝術，而對於他採取的釜底抽薪之法卻不甚重視。其實，沒有這一招，韓信僅憑數萬烏合之眾，與號稱二

韓信像

十萬大軍的趙軍硬拼，未必就能取得勝利。只因他在戰前派奇兵二千埋伏於趙營之旁，在趙軍傾巢出動時，伏兵乘虛奪佔趙營，在其營壘中樹起漢軍的二千面赤旗，才使趙軍看到後驚慌失措，士氣頓挫，在漢軍的前後夾擊下一敗塗地。這種「掏心」「奪氣」的戰法，與「釜底抽薪」之義正好相符。

伊拉克戰爭中，美軍用重金收買伊拉克的高官，要他們下令放棄對聯軍的反抗，以致巴格達不戰而下，採取的也是「釜底抽薪」之法。

「釜底抽薪」的原理在非軍事領域也可借鑒

比如我們提出反腐倡廉，就須標本兼治，而不能只治標，不治本。治本就要「抽」腐敗之「薪」，而不能只是「揚湯」。從中國揭露的一些大案要案看，有一個非常值得重視的現象就是，這些腐敗份子大都提升得很快，或即將被委以更高的職位，所謂「邊腐邊升」。如原江西省副省長胡長清，從一九九五年五月至一九九八年八月從國務院宗教事務局副局長升到副省長，在這三年多的時間裏，他先後九十次向十八人收受、索取五百四十四萬元賄賂；成克傑在廣西主政期間大搞腐敗，竟然能升任全國人大副委員長；湖北省副省長孟慶平，海南省司法廳原副廳長兼省勞動局局長戚火貴，浙江省副省長許運鴻，馬鞍山市市長周玉德等，都是「邊腐邊升」的。為什麼會出現這種現象？恐怕還不單單是其個人素質問題，與我們的用人體制、監督機制等不健全、不落實有著極大的關係。如果健全、落實我們的民主與法制，比如在用人問題上，真正擴大群眾的知情權、參與權、選擇權、監督權、罷免權等，對遏制腐敗會起治本的作用。中國目前體制的弊端是，官的權利太大，民的權利太小。但由於種種原因，在職的官員總覺得自己的權利還不夠大，因而還在不斷擴大自己的權利。殊不知這樣最終會自己毀掉自己。《紅樓夢》中所說的「因嫌紗帽小，致使鎖枷杠」，不僅說的是個人會如此，一個執政的階級、政黨也會如此。不給這些貪官「鎖枷杠」，就很可能會導致我們這個黨被「鎖枷杠」！一位外國哲人說過：「無限制權力，無限制腐敗。」此話非常值得我們深思。可喜的是，有關部門已經認識到了這一點，並正在採取標本兼治的措施，遏制這種現象的發生。

【按】水沸者，力也，火之力也，陽中之陽也，銳不可當。薪者，火之魂也，即力之勢也，陽中之陰也，近而無害。故力不可當而勢猶可消。《尉繚子》曰：「氣實則鬥，氣奪則走。」而奪氣之法則在攻心。昔吳漢為大司馬，嘗有寇夜攻漢營。軍中驚擾，漢堅臥不動。軍中聞漢不動，有頃乃定。乃選精兵夜擊，大破之。此即不直當其力而撲消其勢力。宋薛長儒為漢州通判。戍卒開營門，放火殺入，謀殺知州、兵馬監押。有來告者，知州、監押皆不敢出。長儒挺身出營，諭之曰：「汝輩皆有父母妻子，何故作此？然不與謀者，各在一邊。」於是不敢動。唯主謀者十三人突門而出，散於諸村野。尋捕獲。時謂：非長儒，則一城塗炭矣。此即攻心奪氣之用也。或曰：敵與敵對，搗強敵之虛，以敗其將成之功也。

【按語今譯】水之所以翻滾沸騰，靠的是一種力量，那就是火，它明顯強大，銳不可當。而柴薪是火的根本，是其「力」所依靠的「勢」，但它只是蘊藏著「力」的物質，因此，你靠近它，它也不會給你造成什麼傷害。所以，外在的「力」是不可阻擋的，而內含的「勢」是可以改變和消除的。《尉繚子·戰威》篇裏說：「氣勢旺盛就能勇敢戰鬥，氣勢喪失就會潰敗。」而使敵人喪失氣勢的方法就在於攻心。東漢初期，吳漢任大司馬，有一次敵人夜間進攻漢營，軍中一片慌亂，而吳漢卻靜臥不動。軍中上下見大司馬那樣鎮定自若，很快也就情緒安定了。於是，吳漢挑選精兵連夜反擊，大破敵人。這就是不直接面對敵人的鋒芒所向，而是消弭敵人氣勢的戰法。宋代的薛長儒任漢州通判時，有一次發生士兵嘩變，他們打開營門，放火殺人，企圖殺害知州和兵馬監押。有人前來報告情況，知州和兵馬監押都嚇得不敢出門。薛長儒挺身而出，正氣凜然地訓誡那些嘩變的士兵說：「你們都是有父母妻子兒女的人，為什麼做這種株連家人的事情？不過，你們沒有參與謀劃這件事的人，都站在另一邊去。」被裹挾參加嘩變的士兵都不敢動。只有十

三個主謀衝出城門逃跑，分散躲藏在村莊和田野裏。不久他們就都被捕獲了。當時人們都說，如果不是薛長儒挺身而出，全城都要遭受浩劫。這就是對攻心奪氣之法的具體應用。也有人說，兩軍對壘，就要打擊敵人的致命弱點，以挫敗他即將取得的成功。

第二十計
混水摸魚

計文

　　乘其陰亂，利其弱而無主。隨，以向晦入宴息。

今譯

　　要乘敵人內部發生混亂、力量虛弱而又無人主事之機打擊它。這就是《易‧隨》卦所說的，隨時而動，就像到了黃昏，人就要入室休息一樣。

「混水摸魚」是乘敵「陰亂」「無主」而取利的謀略

「混水摸魚」與「趁火打劫」的異同

精細的讀者讀此計時，首先會遇到的問題是，此計與本書第五計「趁火打劫」有何異同？

這需要從兩計的正文及其在《三十六計》中所處的地位進行辨析。

「趁火打劫」的正文是：「敵之害大，就勢取利。剛決柔也。」而「混水摸魚」的正文是：「乘其陰亂，利其弱而無主。隨，以向晦入宴息。」由此可以看出，兩計的相同點是：都強調乘敵不利時（一為「敵之害大」，一為「乘其陰亂」）取利。其不同點在於取利的手段有所區別。「趁火打劫」更強調取利的強勢性、進攻性（「剛決柔」）；而「混（一作渾）水摸魚」則更強調取利的隱蔽性和隨機性。所謂隱蔽性，是說此計突出的是一個「混」字。水清了，其中的魚兒能看清周圍的動靜，人不容易接近它，當然也就難以捉到它；水混了，魚兒對周圍環境看不清楚，人就可以接近它，進而捉住它。這裏的「混」，包括敵境內政治形勢混亂和敵人思維混亂兩方面內容（「弱而無主」）。其隨機性則體現在此計正文所引《易‧隨》卦象辭的內容：「隨，以向晦入宴息。」意為：到了黃昏，人就該入室休息。因敵混亂而取利如同此理，即要隨時據勢而動。另從兩計在《三十六計》中所處地位看，「趁火打劫」被列入「勝戰計」中，「混水摸魚」則被列入「混戰計」中，亦體現了作者和編者突出「趁火打劫」的強勢性和進攻性，「混水摸魚」的隱蔽性和隨機性的思考。

施行「混水摸魚」之計，大致可分成兩種情況：一種是乘「混」「摸魚」，即敵人內部矛盾尖銳，出現混亂，此所謂「天賜良機」，我乘

機取利;一種是造「混」「摸魚」,即透過我之主觀努力,先把「水」攪「混」、蹚「混」,然後趁機取利,這要付出更多的努力。

李淵乘「混」「摸魚」

隋朝末年,出身於關隴貴族集團的太原留守李淵早就與隋朝廷離心離德,產生了經營「四方之志」。當時民間有「李氏當天子」的傳言,李淵認為他們家就是「繼膺符命者」。隋煬帝對他也一直懷有猜忌之心。李淵為了保護自己,就縱酒行樂,收受賄賂,以表示自己胸無大志;另一方面,他靜觀天下大勢,積極做舉兵起事的準備。到大業十二年(六一六年)年底,全國各地農民起義風起雲湧,已成不可阻遏之勢。李密領導的瓦崗軍成為河南地區最強大的反隋武裝力量;河北起義軍在竇建德的領導下發展到十多萬人;杜伏威、輔公祏領導的江淮起義軍迅猛發展;林士弘則在江西不斷擴大地盤。一些軍閥也乘機起事。蕭銑佔據江陵(今屬湖北),有兵四十餘萬;王世充盤踞洛陽,成為中原地區最大的政治勢力;薛舉、薛仁杲父子割據金城(今甘肅蘭州);李軌擁兵於涼州(今甘肅武威);劉武周、梁師都等雄踞北方,等等。而隋煬帝則被坐困江都(今江蘇揚州),不能西返。當時真可以說是天下大亂,「弱而無主」,隋朝滅亡已成定局。李淵集團正是在這樣混亂的形勢下,決定在晉陽起兵,乘關中空虛之機,南下攻佔長安,開始了他奪取天下的戰爭。李淵此舉,即體現了因勢借力、乘亂而起的特點,是典型的在戰略上的「混水摸魚」。

田單先攪「混」水後「摸魚」

先把「水」攪「混」,然後再取利的例子,在中外戰爭史上很多。其中典型的莫過於齊將田單在即墨(今山東平度東南)打敗燕軍的作戰。周赧(音腩)王三十一年(前二八四年),燕昭王利用齊國滅宋連

生的與諸侯國的矛盾，派樂毅為主將，聯合韓、趙、魏、秦等國攻齊，五年內，接連攻下齊國七十餘城，唯獨即墨和莒（今山東莒縣）兩城久攻不下，打了一年多也沒有打下來。後

田單像

來燕昭王去世，繼位的燕惠王在作太子時就與樂毅不和。守即墨的齊將田單抓住這一有利時機，派人到燕國去施行離間計，先把燕國朝廷內的「水」攪「混」。齊國的間諜到燕國後，到處散布說，樂毅不願早點攻下即墨和莒，他是想在那裏壯大自己的軍事力量，然後佔齊為王。齊國人並不怕樂毅，而是擔心燕國換別的將領代替他。燕惠王果然中計，就派騎劫去代替樂毅。騎劫是一個有勇無謀的將領，田單決定利用這一點，再把攻齊燕軍內部的「水」攪「混」。他派人到燕軍中宣傳說：「齊國最怕的是燕軍把齊國的俘虜割掉鼻子，在攻城時，讓他們站在進攻隊伍的最前面。如果燕軍用這種辦法與我們交戰，即墨肯定會守不住。」騎劫聽說後，就按照田單的話做了。齊國守城的將士見到被俘齊軍落得這般下場，都非常憤怒，決心寧死不當燕軍的俘虜。田單又用反間計到燕軍中去對騎劫說：「齊國人最害怕燕國人挖掘我們城外先人的墳墓了，如果燕人那樣做，我們都會寒心的。」騎劫就讓人把城外燕人的墳墓全都掘開，並焚燒裏面的屍骨。即墨人看到後悲痛欲絕，怒增十倍，紛紛要求出戰。田單又讓城裏的人吃飯時都要祭祖，引來很多鳥在即墨上空盤旋。他又讓人到處宣傳說，這是齊軍有神人相助的徵兆。他這樣做，既給燕軍以威嚇，又對齊軍起了鼓動作用。田單透過這些措施，把燕軍的思想弄亂了，把那裏的「水」攪「混」了，從而為自己創造了有利的

戰機。後來他用「火牛陣」一舉將燕軍打敗，殺死了騎劫，收復了失地。

洋人也善「混水摸魚」

在現代國際鬥爭中，外國善於「混水摸魚」者也大有人在，其水準足可令國人自歎不如。

(1) **美國在原南斯拉夫「混水摸魚」**。從一九九二年四月到一九九五年十二月歷時將近四年的波黑戰爭，是一場原南斯拉夫人同室操戈、豆萁相煎的大混戰。波黑是前南斯拉夫聯邦的六個共和國之一，主要由塞爾維亞、穆斯林、克羅地亞三大民族組成。這三大民族雖同屬「南部斯拉夫人」，語言相通，但歷史上積怨很深，民族對立情緒非常尖銳。原南斯拉夫總統鐵托是克羅地亞人，他利用自己的威望和有力的政策維繫了南斯拉夫的統一。但他去世後，國內各種被壓制、掩蓋的矛盾逐漸浮出水面。二十世紀八○年代末九○年代初，在西方「西化」、「分化」戰略的進攻下，東歐巨變，蘇聯解體，南斯拉夫也走上了民族分裂、戰亂不止的道路。這三個民族為爭奪地盤縱橫捭闔，爭鬥不休，上演了一部新版的洋「三國演義」。但他們到頭來，沒有一個贏家，都是輸家，只不過輸得大小有些不同罷了。有資料統計，在這場戰爭中，塞族、穆族、克族共有二十四萬人直接參戰，波黑四百三十萬人口中有二十七萬八千人死於戰亂，二百多萬人淪為難民，全國三分之二的基礎設施遭到破壞，直接經濟損失達四百五十億美元。這場戰爭的真正贏家是以美國為首的北約，他們把波黑作為其「新干涉主義」的試驗場，藉口對「不聽話」的塞族及同情塞族的俄羅斯人「修理」了一番，顯示、提高了其主宰世界的霸主地位，可謂是一個成功的混水「得」魚者。

(2) **美國也打「石油戰」**。前面我們講了阿拉伯世界打過「石油戰」；其實，美國搞垮蘇聯，也悄悄地使用了一條至今還鮮為人知而在

當時確實發揮過致蘇聯經濟於死地作用的「石油戰」。有資料表明，當時蘇聯的外匯收入有一半以上來自石油和天然氣的出口。一九八三年，美國財政部向雷根總統提交了一份秘密報告，提出，蘇聯每年出口十億噸石油，如果世界上的石油價格每桶增加一美元，蘇聯每年將多得到十億

中東石油大戰：誰人掌控世界能源命脈？！

美元的外匯；如果每桶下跌十美元，蘇聯每年將損失一百億美元。雷根政府根據這個報告制定了三條對策：一是要求英國等國家提高石油產量，加大投放歐洲市場的力度，以使歐洲減少進口蘇聯石油；二是減少美國的石油儲備，由原來每天購進二十二萬桶減少到每天購進十四萬五千桶；三是讓沙烏地阿拉伯等國增大石油產量，並降價拋售。這三條措施一付諸實施，很快在國際石油市場上造成了供大於求的局面，國際原油價格由一九八三年的每桶三十四美元暴跌到一九八六年的每桶八美元。蘇聯因此損失數百億美元。雷根政府制定的「石油戰略」，對於戈巴契夫當時實行的挽救蘇聯經濟的政策來說，無異於五雷轟頂，終於使之遭到破產，蘇聯經濟瀕臨崩潰，從而成為蘇聯解體的一個極為重要的原因。

當前，世界上仍在繼續進行著激烈的能源爭奪戰，俄羅斯人在同美國人的鬥爭中學得聰明起來。早在二十世紀九〇年代，美國就曾打算修建一條從裏海到巴基斯坦印度洋海岸的能源輸送路線。只是由於當時的阿富汗塔利班政權的阻撓，才導致這一談判在一九九八年破裂。這是美國在「九一一」事件後毅然出兵阿富汗的深層原因之一。但在二十一世紀伊始，以美國為首的北約與阿富汗塔利班政權苦鬥之際，俄羅斯總統

普京和土庫曼斯坦總統薩帕爾穆拉德‧尼亞佐夫在莫斯科簽署聯合聲明，呼籲中亞和裏海國家建立一個「歐亞能源聯盟」。外電評論說，俄、土總統的這次會見，確保了莫斯科從現在開始每年得到土庫曼斯坦「五百億立方米的天然氣」，「『能源聯盟』可能使克里姆林宮近兩年在控制中亞地區天然氣和原油方面採取的攻勢達到勝利頂峰」，「這段輸油管（其中一段從裏海北部的哈薩克油田延伸到俄羅斯黑海的新羅西斯克港口）成為該地區能源的主要運輸管道，並打擊了西歐在該地區的能源方案」。普京的這一招，使他在當前世界石油資源的混戰中捷足先登，比其前任無疑要高明。

美國攻打阿富汗，發動伊拉克戰爭，打的旗號是「反恐」，其更深層的原因卻是控制那裏的能源。有人說，當今世界，誰控制了能源，誰就控制了世界。這話不是沒有道理。目前世界原油價格暴漲，這是個很危險的信號。它絕不僅僅是一個經濟問題，必然地會影響到政治，值得我們高度警惕。能源既可能是制止、化解和贏得戰爭之「薪」，也可能是引發戰爭之「薪」。這就看這根「薪」掌握在誰手裏和掌握者怎樣使用它了。

企業經營應走正路、摸「大魚」

企業經營應著眼於在商場「混戰」中摸「大魚」，不要做小動作，圖小利，丟大本。孫子有句話，叫「紛紛紜紜，鬥亂而不可亂也」，這裏的「不可亂」，用在企業經營上，就是不要亂了自己的大章法，丟了自己的「大信譽」。中國有些企業在給產品取名上頗有「混水摸魚」之嫌，讓外國人嗤笑。如，彩色電視人家已有名牌「畫王」，我們就有人弄個「畫玉」出來；名牌有「夏普」，有人就弄個「夏晉」出來；日本本田的標識是「HONDA」，有人就弄出個「HONGDA」。現在與「鱷魚」襯衫相似的標識已不只一種，乍看上去，足可使顧客當成真「鱷魚」，

買回去才發現不是那麼回事兒。外國人已將這些現象在本國媒體上進行宣傳，頗有譏諷的味道，影響了中國人的形象，也從根本上影響了那些企圖「混水摸魚」企業的效益乃至生存。企業應在創新和提高自己產品質量上下功夫，不要在這上面作手腳。這樣做，首先給人一種「攀龍附鳳」、「混水摸魚」之感，反而在人們第一印象中就掉了價。

【按】動盪之際，數力衝撞，弱者依違無主。敵蔽而不察，我隨而取之。《六韜》曰：「三軍數驚，士卒不齊；相恐以敵強，相語以不利；耳目相屬，妖言不止，眾口相惑；不畏法令，不重其將：此弱徵也。」是「魚」。混戰之際，擇此而取之。如劉備之得荊州、取西川，皆此計也。

【按語今譯】社會發生動盪的時候，各派勢力互相爭鬥，弱小集團往往在依靠誰、背離誰的問題上猶豫不決。如果敵人昏聵不明，我應隨機攻取它。《六韜·兵征》裏說：「如果全軍不斷地被驚擾，士卒意志不統一，以敵人強大相互恐嚇，相互傳播對己方不利的消息；相互交頭接耳，謠言不斷，互相蠱惑；無視法規命令，不尊重將帥：這些都是軍隊虛弱的徵兆。」這就像生活在混濁水裏的游魚。這時就應當乘混戰之際，選擇它作為攻取的對象。劉備奪取荊州和西川，用的都是這種謀略。

第二十一計
金蟬脫殼

計文

存其形，完其勢，友不疑，敵不動。巽而止蠱。

今譯

　　保持原來的形態，進一步完善自己的力量，使友軍不對我產生懷疑，敵人也不敢對我採取行動。這就是《易‧蠱》卦所說的：隱蔽自己的行動，以免遭禍害。

「金蟬脫殼」是擺脫敵人、轉移兵力的軍事欺騙謀略

「金蟬脫殼」要在善「脫」

「金蟬脫殼」這個成語最早出現於何時，尚難確定。元代一些戲曲中已有此成語。如元代大戲曲家關漢卿所作《謝天香》中有唱詞曰：「便使盡些伎倆，乾愁斷我肚腸，覓不的個『金蟬脫殼』這一謊。」又有施君美《幽閨記‧文武同盟》中有臺詞道：「曾記得兵書上有個『金蟬脫殼』之計，不免將身上紅綿戰袍掛在這枯椿上，翻身跳過牆去。」這裏所說的「兵書」很可能就是指《三十六計》。如果此說不差，那麼，《三十六計》在此戲問世之前就已經廣泛流傳了。

「金蟬脫殼」之計與「聲東擊西」、「暗渡陳倉」等計比起來，雖都屬用示形手段達成掩蔽真實意圖和行動目的的軍事欺騙謀略，但「金蟬脫殼」之計更強調一個「脫」字，即它是一種著重講擺脫敵人、轉移兵力的「脫身術」，為了脫身，此計強調用計者需要先找個「替身」，製造一種與自己或軍隊外表相似的假象，使對方認為自己或軍隊還在某地，而實則他們已經離開，從而完成對敵人的欺騙。此計正文中說：「存其形，完其勢，友不疑，敵不動。巽（音遜）而止蠱（音古）。」意為保存原來的形態（「殼」），進一步完善自己的力量（蟬透過脫殼得到發展），使友軍不產生懷疑，敵人也不敢對我採取行動。這就是《易‧蠱》卦象辭中講的用隱蔽行動免遭禍害。可見正文內容與我們上面說的意思是相符的。

《西遊記》第二十回裏講了一個「金蟬脫殼」的故事，故事不長，對我們理解此計內容有益，不妨簡述如下：

黃風嶺中有個黃風怪，黃風怪手下有個前路虎先鋒，是個老虎精變

的妖怪。他奉命在山中巡邏，準備抓幾個人弄到山上去給黃風怪當下酒菜，不想恰巧碰上了到西天取經的唐僧師徒，就要抓他們上山。豬八戒見狀，一馬當先，與那怪奮勇打鬥。二人久戰不下，孫悟空一時性起，也來助打。至此，書中寫道：「那怪慌了手腳，使個金蟬脫殼計，打個滾，現了原形，依然是一隻猛虎，卻又摳著胸膛，剝下皮來，便蓋在那臥虎石上，脫真身化一陣狂風，逕回路口。唐僧正在念《多心經》，被他一把拿住，駕長風攝將去了。」孫行者趕到後，對著假虎猛打一下，震得手痛；豬八戒也上來打了一鈀，鐵鈀迸起老高，他們這才發現打的原來是一張虎皮蓋著的大石頭。行者大驚道：「不好，不好，中了他計也。」八戒道：「中了他甚麼計？」行者道：「這個叫做『金蟬脫殼』計。我們趕緊去看師父吧。」二人回去一看，唐僧果然不見了。讀了這個故事，人們對「金蟬脫殼」的含義及其與「聲東擊西」、「暗渡陳倉」的異同就有個形象性的認知了。

《西遊記》中的前路虎先鋒玩「金蟬脫殼」之計是神話，但它包含著藝術的真實。類似的軍事欺騙在軍事實踐中是屢見不鮮的。

「金蟬脫殼」是逃跑的妙計

西元前二〇四年，楚霸王項羽在滎陽（在今河南滎陽東北）把漢王劉邦圍得個鐵桶相似。眼看滎陽不保，漢將紀信為了保住漢王，自告奮勇，假扮成劉邦，乘著黃屋車（君王級別的車），車上豎一面有漢王標識的大旗，乘夜間率二千名披甲的婦女和兒童從滎陽東門衝了出來。楚兵看到後，以為劉邦在此，都紛紛跑過來四面圍攻。紀信大聲說：「城裏的糧食都吃完了。我漢王劉邦前來投降。」楚軍聽後，都歡呼雀躍，慶祝勝利，萬歲之聲，震動原野。這時，真漢王劉邦卻乘機帶著數十騎人馬從滎陽西門逃出，直奔成皋（在今河南汜水鎮西南）去了。等到項羽發現捉到的不是劉邦，而是紀信時，已經晚了。他氣得肺都快要炸

了，下令把紀信活活燒死。但這已無濟於事。劉邦「金蟬脫殼」後，獲得了重新發展的機會，最後終於將項羽滅掉。

民國期間，曾上演過與此極為相似的一場鬧劇。當時，張勳為復辟帝制，把時任民國總統的黎元洪包圍起來，逼迫他「奉還大政」。黎元洪急中生智，即讓侍從武官唐仲寅扮作總統，乘坐總統的汽車外出吸引張勳的「辮子軍」；黎元洪則扮作職員，與秘書劉鍾秀等乘普通汽車逃到日本公使館躲避，亦是採用此法。

「金蟬脫殼」也可用於進攻

需要說明的是，「金蟬脫殼」之計未必都用於逃跑，它是一種脫身術、分身法，無論攻守，都可使用。狄青夜襲崑崙關，屬於進攻，也成功地使用過此計。

據沈括《夢溪筆談》卷十三記載，狄青於宋仁宗皇祐四年（一○五二年）奉命征討儂智高，於上元節時到達賓州（今廣西賓陽縣南）。為麻痺敵人，狄青下令在營中大張燈燭，大宴三夜：第一夜宴請高級將領，第二夜宴請中級軍官，第三夜宴請一般軍校。第一夜，宋營中軍帳裏聲樂齊鳴，杯盤狼藉，赴宴將官喝了一個通宵。第二夜，被宴請的中級軍官喝到二鼓時，狄青忽然稱說肚子疼，暫時到內帳休息一會兒。過了好長一段時間，他

狄青像

三十六計的智慧

又從內帳傳出命令，讓副將孫元規暫時代他主席行酒，他吃完藥後就出來。後又幾次派人出來勸酒，但一直到拂曉時，狄青也沒出來，客人也不敢擅自退席。這時，忽然有使者飛馬來到跟前，向大家報告說：「在這夜三鼓時，狄將軍已奪佔崑崙關（在今廣西境內）了。」狄青在這裏就用了「金蟬脫殼」之計。當時崑崙關乃儂智高所據邕州（今南寧市南）的天然屏障，是宋軍南下必經之地，此關守軍居高臨下，易守難攻。宋軍遠道而來，利在速戰，如不能盡快奪佔此關，勞師關下，挫銳失機，勢必會造成極大被動。要迅速佔領此關，上策是突然襲擊；而要使突然襲擊奏效，就要千方百計使敵人放鬆警惕，尤其不能讓敵人間諜獲得宋軍行蹤的情報。狄青用宴請將士的方法，自己從席上「金蟬脫殼」，親率精銳部隊奪佔崑崙關，實現了出其不意、攻其無備的目的。《孫子兵法‧虛實篇》說：「形兵之極，至於無形。無形則深間不能窺，智者不能謀。」狄青欺騙敵人的手段，可謂已臻於「無形」。

「金蟬脫殼」在現代戰爭中仍有用武之地

成功使用「金蟬脫殼」之計的關鍵是，必須把「脫殼」這一環節做得無衣無縫，不露痕跡，使敵人把「殼」仍認定為「金蟬」。這樣，就可達成欺騙敵人的目的。

一九六四年八月至一九七五年四月越南人民進行的抗擊美國侵略的漫長的戰爭，是一場真正意義上的「非對稱」戰爭。美軍在軍事上處於優勢，越南人民軍雖有蘇聯和中國的支持，但論軍事力量，仍大不如美軍。但越南人民軍充分利用天時、地利、人和的有利條件，採取多種方式與美軍作戰，常能在戰役戰鬥中佔有主動權，其中一種方式就是「金蟬脫殼」。如一九六五年五月八日，美軍四架F－105戰鬥機飛臨夾市，北越人民軍341高炮團一舉擊落其中的兩架，剩下的兩架狼狽逃躥。為了防備敵機前來報復，341團的官兵們決定用「金蟬脫殼」的辦法轉移

高炮陣地：他們對轉移了的新的高炮陣地進行了嚴密的偽裝，使敵人偵察機看不出任何破綻；對原來的陣地也進行了「打扮」，如新蓋上了一些粗大的樹枝，又故意堆起了幾堆新土，還在陣地上面灑上一層草灰等。美軍偵察機前來偵察，果然發現了這些新土和草灰，認定北越軍隊的高炮陣地還在這裏，就向美軍指揮部做了報告。五月十二日，美軍十六架F—105戰機前來轟炸341團原來的陣地，把那裏炸成了一片火海，弄得煙塵蔽日。但已移入新陣地的341團仍按兵不動。美軍飛機此後又來偵察，得出了「敵高炮陣地已被摧毀」的結論，於是美軍飛機開始放心大膽地來夾市轟炸。341團瞅準機會向敵機群猛烈開火，將美軍前來參戰的四十多架飛機中一舉擊落九架，擊傷四架，其餘狼狽而逃。341團之所以騙過了敵人飛機的偵察，就是因為在作「金蟬脫殼」之計時沒有露出破綻，如果此計被敵人識破，那結果怕就大不相同了。

在現代高科技條件下，使用「金蟬脫殼」之計增加了難度。這是因為，軍隊的武器裝備在使用和轉移過程中，都會發出熱、聲、光、磁等表徵信號，與其所處背景形成反差，敵人可用雷達波、光波和紅外探測技術等手段偵察到這些武器裝備的所在位置，運用精確制導導彈等武器對這些目標進行打擊。但從古以來，有矛就有盾，為了使自己的武器裝備不被敵人用雷達波、光波和紅外線探測到，一些國家發明了所謂的「隱形技術」，包括雷達隱形、光學隱形、聲波隱形、紅外線隱形等。如美製F—117A隱形戰鬥轟炸機就是有雷達隱形、光學隱形、聲波隱形等多性能的隱形技術；美製B—2隱形戰略轟炸機據說具有非同尋常的隱形技術。另外，隱形技術在艦船、坦克、裝甲車、各種導彈等武器裝備中也廣泛應用。但這些具有高科技隱形性能的兵器也有「剋星」，如超視距雷達即可發現隱形兵器。另外，預警飛機、預警氣球、衛星等，都可裝備反隱形設施。

「金蟬脫殼」之計的原理在和平環境中，也常見被使用。一些違紀、違法、犯罪份子就常用這種方法達到逃避監督、檢查、抓捕等的目的。如有的官員大肆收受賄賂，案發後，把責任全推到老婆身上，然後與老婆辦假離婚，表示自己與其行為無關，或自己已經與之「劃清界線」，此人照樣當官，或到異地為官，即是玩「金蟬脫殼」之術。還有的貪官或「企業家」將得來的不義之財用「金蟬脫殼」的手段預先轉移到國外，一旦發現自己處境「不妙」，就溜之乎也，跑到國外去藏身並盡情享受這些錢財。發現這種情形，有關部門則可根據此計原理進行反制，或在案發後，對玩弄「金蟬脫殼」之計者進行深入的調查研究，把已經「脫殼」的「金蟬」抓出來，從而對之做出正確的處理。

【按】共友擊敵，坐觀其勢。倘另有一敵，則須去而存勢。則金蟬脫殼者，非徒走也，蓋為分身之法也。故我大軍轉動，而旌旗金鼓儼然原陣，使敵不敢動，友不生疑。待已摧他敵而返，而友、敵始知，或猶且不知。然則金蟬脫殼者，在對敵之際，而抽精銳以襲別陣也。

【按語今譯】與友軍聯合對敵作戰，必須冷靜觀察戰場形勢。倘若發現有另一股敵人到來，在分兵迎擊時，調動部隊必須表面上保持自己原來的陣勢不變。所謂「金蟬脫殼」，並不只是為了逃跑，而是一種分身之法。所以我方大軍調動時，營陣中的旌旗金鼓看起來要和原來完全一樣，使敵軍不敢輕舉妄動，使友軍也不生懷疑。等到摧毀另一股敵人返回時，友軍和敵軍才知道，甚至還不知道我的行動。由此可見，所謂「金蟬脫殼」，就是在兩軍對峙的情況下，巧妙地抽調精銳部隊去襲擊別的敵人。

第二十二計
關門捉賊

計文

　　小敵困之。剝，不利有攸注。

今譯

　　對小股敵人，要包圍起來殲滅它。《易·剝》卦説，讓其剝離，對我不利，因爲它會向別的方向發展。

「關門捉賊」的要旨是集中優勢兵力包圍殲滅弱勢敵人

　　「關門捉賊」還有一個更通俗的說法：「關門打狗」。在這裏，用作比喻集中優勢兵力包圍、殲滅弱勢敵人。此計正文中說：「小敵困之。剝，不利有攸往。」正合此意。其中的最後一句取之於《易‧剝》卦。此卦象辭的全文是：「剝，剝也，柔變剛也。不利有攸往，小人長也。」這裏的「剝」應釋為剝離、割裂、走脫。全句的意思是說，弱小的敵人被放走後，會由弱變強，對我不利。這句話體現了作者主張包圍敵人打殲滅戰的思想。此計的觀點與孫子「圍師必闕」的主張不同，是有其道理的。「按語」作者說，如果不能包圍敵人，「則放之可也」，不合此計本義。

　　在軍事實踐中施行「關門捉賊」之計，必須解決好兩個問題：一是如何「關門」，二是「關門」後如何「捉賊」。

「關門」要把好三個環節

　　為了「捉賊」，「關門」者必須要把好三個環節：一是預先選擇好有利戰場，二是誘使敵人入「門」，三是把「門」關緊，防止敵人突圍。這三個環節中無論哪個環節出了問題，都不能達到「關門捉賊」的目的。

　　(1) **白起擒殺趙括**。秦將白起之所以能在長平（今山西高平西北）消滅趙國四十餘萬大軍，就在於他首先選擇了有利於秦軍包圍趙軍、穿插殲敵和阻敵援

白起像

軍的地形；其次，秦用反間計解除了趙國老成持重的老將廉頗的指揮權，使趙王以只會紙上談兵的趙括為將；再次，秦用誘敵深入之計，將急於決戰、盲目輕敵的趙括引入秦軍營地，將其四面包圍。為將「門」關緊，秦昭王親赴河內（今河南黃河以北地區）徵發十五歲以上的男子開赴長平，堵截趙國援軍，斷絕趙括糧道，使被圍趙軍忍饑挨餓達四十六天，最後到了殺人而食的地步。秦軍在把「門」關緊的同時，尋機「打狗」，在穿插分割中殲滅趙軍。趙括「狗」急跳牆，分兵四隊，輪番突圍，都未成功，最後親率精兵衝殺，被秦軍亂箭射死。被圍趙軍被迫全部投降了秦軍。

(2) **冒頓包圍劉邦**。西元前二百年，匈奴冒頓單于包圍漢高帝劉邦於白登（今山西大同東南），也體現了「關門」必須遵循的一些原則；只是由於他的「後門」出了一點問題，才沒有將劉邦捉住。漢朝初年，匈奴強大，屢屢侵擾漢朝北部邊境。這年冬天，劉邦親率三十二萬大軍抗擊匈奴。當時塞外天氣十分寒冷，又下大雪，據說士兵光被凍掉手指頭的就有十分之二三。冒頓單于預選白登為戰場後，把自己的精兵強將都藏匿起來，用老弱病殘者為誘餌，假裝敗走，引誘漢軍追擊。漢軍當時大部分是步兵，行進速度緩慢，劉邦率部分漢軍先行到達白登，被冒頓三十餘萬騎兵包圍，漢兵被裏外隔絕，不能相救，劉邦被圍困了七天，最後用陳平賄賂單于閼氏之計才得以脫險。

曹操大破呂布

(3) **曹操下邳擒呂布**。在冷兵器時代，古人一般主張避攻堅城，認為攻城之法，為不得已。遇到這種情況，

古人多主張採取「攻其所愛」，以調動敵人，於野戰中將敵人圍殲，或採取長圍久困，待敵糧絕水盡時，再實施進攻。但遇到非攻城不可的情況，古人也會實施強攻，這樣造成的犧牲一般都比較大。需要說明的是，進行這種圍攻時，要在實力上確實處於優勢，否則很難達到圍攻目的。建安三年（一九八年），曹操率大軍圍呂布於下邳（治今江蘇睢寧西北），其兵力就是呂布的二倍。孫子提出「十則圍之」，極言包圍者的兵力要多，實際上並不一定非十倍於敵不可。所以曹操在注此句時說：「以十敵一則圍之，是將智等而利鈍均也。若主弱客強，不用十也，操所以倍兵圍下邳生擒呂布也。」（見《十一家注孫子·謀攻篇》曹注）在現代戰爭條件下，城牆已失去了冷兵器時代的重要作用，就更不能拘泥於孫子的那句話了。

(4) **現代戰爭的「門」難「關」**。現代戰爭和冷兵器時代的戰爭比起來，「門」更難「關」了。冷兵器時代，只有陸面部隊和水軍，其包圍是平面形的。現代戰爭是立體戰爭，陸、海、空、天都有，只作平面包圍，敵人還可從天上逃走。古人常說，「上天無路，入地無門」，現代戰爭，已經上天有路、入地也有門了。目前，世界上很多城市都有配套的地下設施，美國的高官在二○○一年「九一一」事件之後，就都迅速轉入了地下辦公，成立所謂「影子政府」，處理日常事務。科索沃戰爭中，美國的一架飛機被南聯盟軍擊落，飛行員跳傘。按過去的觀念，這個飛行員已陷入南聯盟的「汪洋大海」之中，「插翅也難逃」了。但美國人經過無線電聯絡和定向測位，用直升機硬是神不知、鬼不覺地把這個飛行員救了出去。當然「門」難「關」，不等於不能「關」，只要充分發揮人的主觀能動性，「關門捉賊」也是能做得到的。

「關門」後如何「捉賊」值得研究

(1) **「關門」後謹防「破門」**。「門」「關」緊了，如何「捉賊」大

有學問。歷史上有無數打勝仗的包圍戰，也有很多打敗仗的包圍戰。打勝仗的包圍戰，如上所言，大都採取了重兵包圍、分割圍殲、圍點打援、斷絕糧路、掌握主動、攻其無備等相應戰術。打敗了的包圍戰則往往與之相反，雖然包圍了敵人，但在指揮上仍處於致於人而不能致人的被動地位。如戰國時魏軍包圍趙國都城邯鄲，因被齊軍實施「圍魏救趙」之計而遭人

李光弼像

調動，失去主動權，結果反遭失敗；樂毅攻齊，長期圍困即墨（今山東平度東南）不下，被田單用反間計擊中，圍城燕軍最終反為齊軍所敗。唐安史之亂時，史思明圍困太原，守將李光弼以攻為守，開展地道戰、偷襲戰、心理戰和大型殺傷武器反擊等戰術，使圍城叛軍最終遭到失敗。可見包圍戰是殲滅戰的一種重要手段，要達成目的，還必須與其他高明的手段相配合，否則，也可能被受困者反制甚至擊敗。因為包圍者自身也有難免的弱點，比如，因四面包圍而兵力分散；一點被攻破，整個包圍圈就會落空；敵人在全局上被包圍，但在局部上可實施反包圍；在戰略上是防禦，在戰役戰術上可實施突襲，給包圍者造成重大打擊等。

(2) **俄軍清剿車臣叛匪的教訓值得汲取**。現代高科技條件下的包圍戰如何打，是很值得研究的一個課題。俄羅斯對車臣叛亂份子的包圍和清剿，可以給我們提供多方面的教訓和啟示。

　　從戰略上看，俄軍對車臣的山區清剿作戰無疑是一場以優勢對劣勢的包圍性作戰。為打贏這場戰爭，俄軍曾動用了最精銳的部隊，投入了相當先進的武器裝備，花費了大量財力物力，但至今尚未能達到徹底清

剿叛匪的目的，有時在戰鬥中反遭叛亂份子反包圍和突然襲擊，造成重大傷亡。如二〇〇〇年三月二十九日，俄羅斯的一支特警部隊在車臣東南部遭到敵人襲擊，損失非常嚴重；僅二〇〇一年三月份，俄軍就遭襲擊二十餘次，傷亡二千二百人，其中，俄軍的一個空降連進入敵人腹地後，遭敵包圍，最後全部犧牲。車臣叛亂份子還不時深入俄羅斯腹地進行破壞活動，更是給俄羅斯造成了慘重損失。

俄軍之所以會出現這種狀況，原因是多方面的。單從軍事上看，至少有以下原因：一是過度依賴高科技武器。俄軍在剿匪作戰中制定了「少流血，非接觸，遠毀傷」的作戰指導原則，對敵重點目標進行遠距離、高強度、非接觸性打擊，取得了一定戰果。但車臣叛亂份子與俄軍進行非對稱作戰，他們藏匿於深山老林之中，俄軍的遠端打擊不能給他們以毀滅性殺傷；你要「非接觸」，他非要和你「接觸」；你要「遠毀傷」，他偏要對你近打擊。致使俄軍在戰鬥中常處於被動。二是協同指揮不力。俄軍雖在軍事上處於優勢，但山地清剿作戰的特點使之不得不分散兵力，各自為戰。由於其缺乏強有力的協調能力，對敵難以形成重拳出擊；在一方需要救援時，其他各方有時鞭長莫及，未能形成「擊其首則尾至，擊其尾則首至，擊其中則首尾俱至」的靈活反應能力。三是開始麻痺輕敵，後來怯於進攻。俄軍在清剿作戰初期，認為自己在軍事上處於絕對優勢，對敵人的頑固性、山地的複雜性、戰法的多樣性估計不足；在遭受到一些損失後，又出現不敢大膽深入山區主動進攻與敵近戰的情況，甚至為減少犧牲，在遭遇敵人時，主張迅速與敵脫離接觸。總之，俄軍前期圍剿車臣叛亂份子的作戰，既有成功的經驗，也有血的教訓，對我軍未來可能遇到的登島、進山、入林清剿作戰不無有益的啟示。

「關門捉賊」的原理可用於司法審訊、外交鬥爭、公開辯論、體育競技、醫療衛生等領域。如案件偵察在審訊犯罪嫌疑人時，根據已掌握

的情況，預設「埋伏」，然後將犯罪嫌疑人引入其中，使之陷入理屈辭窮、自相矛盾的境地，從而不得不交代事情的本來面目。再如，醫生經過診斷，找到病人的病灶後，集中各種力量，使用多種手段，圍殲病灶，拔除病根，或將其控制在一定範圍之內，使之不能蔓延等，均與此理相合。

【按】捉賊而必關門者，非恐其逸也，恐其逸而為他人所得也。且逸者不可復追，恐其誘也。賊者，奇兵也、游兵也，所以勞我者也。《吳子》曰：「今使一死賊，伏於曠野，千人追之，莫不梟視狼顧。何者？恐其暴起而害己也。是以一人投命，足懼千夫。」追賊者，賊有脫逃之機，勢必死鬥；若斷其退路，則成擒矣。故小敵必困之；不能，則放之可也。

【按語今譯】捉拿入室的盜賊，之所以必須關門，不僅是怕他跑掉，還怕他跑掉之後被他人所得。而且，跑掉的盜賊就不能再追趕，因為恐怕中他的引誘之計。這裏所說的「賊」，是指敵人的「奇兵」和「游兵」，他們的任務就是使我疲憊不堪。《吳子‧勵士》篇裏說：「現在假設有一個亡命之徒，隱藏在荒郊野外，一千個人去追捕他，沒有一個人不高度警惕，瞻前顧後的。原因在哪裡呢？就是因為怕那個亡命之徒突然衝出來傷害自己。所以說，一人拼命，足可使千人畏懼。」追賊的時候，賊只要有一線脫逃的希望，勢必會拼死搏鬥。如果截斷他的一切退路，他就只好束手就擒了。所以，即使是小股敵人也必須把它包圍起來；如果不能包圍，暫時放走它，也是可以的。

第二十三計
遠交近攻

計文

形禁勢格，利從近取，害以遠隔。上火下澤。

今譯

事物之間互相聯繫，又互相制約。人要善於利用這些矛盾，從近處獲取利益，以遠距離隔斷對自己的危害。這就是《易·睽》卦所指出的，火焰向上，水流向下，因其相反，故能相成。

「遠交近攻」是一種地緣聯盟戰略

「遠交近攻」思想在中國源遠流長

　　說起「遠交近攻」，一般人都認為是戰國後期謀士范雎發明的思想。其實這是不準確的。

　　「遠交近攻」是冷兵器時代多極鬥爭格局下產生的地緣性聯盟戰略。這一戰略思想在中國出現很早，至少在春秋時期就已用之於「國」與「國」之間的多極鬥爭了。

　　據《左傳》魯僖公三十年（前六三〇年）記載，這年的九月，因鄭文公對晉國「無禮」，並依附於楚國，晉文公和秦穆公就聯合發兵包圍了鄭國。當時三國的地理位置是，秦國在西邊，晉國在中間，鄭國在東邊。秦晉聯合攻打鄭國，對鄭國構成了嚴重威脅。鄭文公為破解這次危難，派大夫燭之武到秦營中拜見秦穆公。燭大夫見了秦穆公後，

秦穆公像

發了一通高論，大意是說：你們秦、晉兩家包圍我們鄭國，我們知道鄭國必會滅亡了。如果鄭國滅亡對您秦國有好處，那我們還敢麻煩您的手下前來消滅我們。可是您知道，跨越一個國家去管理距離本國遙遠的地方，那是很難的。那您為什麼要滅亡鄭國而將其土地送給鄰國（指晉國）呢？鄰國強盛，只會使您秦國削弱。如果您不滅亡鄭國而讓它作為您的東道主，您的使臣往來，鄭國供應他一切所需要的東西，這對您並

沒有__處啊。那個晉國向來是貪得無厭的，它向東邊取得鄭國的土地後，必會向西擴張，到那時，它不侵害你秦國的疆土還會到哪裡攫取利益呢？秦穆公聽他說得很有道理，當下就和鄭人結盟，不但不再攻打鄭國，還派人幫助鄭國戍守城池，自己就先帶領大隊人馬撤退了。晉文公得到這一消息後，也只好解圍而去。鄭國因此得以免除了一場滅頂之災。不難看出，燭之武說服秦穆公的話語中最核心的意思就是，你秦國與其行「越國以鄙遠」不可能之事，不如交遠以防近。

戰國初期，商鞅從魏國到秦國見秦孝公，提出了統一天下的宏偉計劃：其中提到，首要的是攻打與秦接壤的魏國，他認為，「秦之於魏，辟若人之有腹心疾，非魏併秦，秦即併魏」（《史記》卷六十八《商君列傳》）。後來的張儀也主張秦實行遠交近攻的戰略，用他的話說，叫做「舉趙亡韓，臣荊、魏，親齊、燕」（《戰國策·秦策一》）。其中「親齊、燕」即為遠交，而「舉趙亡韓，臣荊、魏」則屬近攻。

由此可見，遠交近攻的思想在中國很早就產生了，並正廣泛用之於外交和軍事鬥爭的實踐。但作為一個完整的地緣戰略概念的提出，或對這種思想作出理性概括的，其功勞還應歸於戰國後期的范雎。是他將這一戰略上升到理論的高度，使之成為一種戰略原則，對後世產生了深遠的影響。

秦昭王時，秦相穰侯魏冉要出兵攻打齊國，從魏國死裏逃生跑到秦國來的范雎（化名張祿）得到秦昭王的召見，乘機對魏冉的做法提出了批評，他認為魏冉的做法是「借賊兵而齎盜糧」（把兵器借給敵人，把糧食送給強盜），並舉趙伐中山而獨得其利的正面例子和齊閔王攻楚而「肥韓、魏」的反面例子說明，「遠交而近攻」是唯一正確的方略，這樣做，「得寸則王之寸，得尺亦王之尺」。他進而提出建議：「現在的形勢是韓、魏兩國居於中原之地而成為制約天下的樞紐。大王您要稱霸天下，首先必須掌握韓、魏以成為天下的樞紐，然後用此來威懾楚、

趙。楚國強，就使趙國依附我們；趙國強就使楚國依附我們。楚、趙都依附我們，齊國必然畏懼。齊畏懼了，就會卑辭厚禮來侍奉我們秦國。齊國依附了，我們就可把韓、魏滅掉。」范雎的這一建議被秦昭王採納，並成為秦後來與六國鬥爭的戰略方針。魏冉因此而丟了相印，范雎則被拜為秦相，並封為應侯。

此後，遠交近攻成為中國歷史上各政治勢力進行多極鬥爭的重要謀略。東漢、隋、唐、宋、元、明、清等朝在建國鬥爭中，都曾採用過這一戰略。

「遠交近攻」是一種地緣聯盟戰略

「遠交近攻」為什麼會在冷兵器時代多極鬥爭格局下常被作為國家戰略來使用呢？其哲學底蘊是什麼呢？此計正文對此進行了揭示。

此計計文中說：「形禁勢格，利從近取，害以遠隔。上火下澤。」這裏的「上火下澤」取之於《易·睽》卦中的象辭：「上火下澤，睽。君子以同而異。」所謂「形禁勢格」是說世界上所有的事物，包括各種政治勢力，既互相聯繫，又互相制約，從而構成「形勢」。聰明的戰略家要善於利用這些矛盾，從近距離處獲取利益；以遠距離隔斷對自己的危害。這就是《易·睽》卦象辭中所說的，火焰向上，水流向下。定大策，成大業者，善於因其相反，使其相成，讓矛盾的事物和衷共濟，以達成自己的戰略目的。遠交與近攻這對矛盾即是如此。

在冷兵器時代以及此後相當長的一段時間裏，國與國之間的利害關係主要表現在對人口和土地的佔有上，而這些佔有的矛盾只有在鄰國間才會發生，這是古代乃至近代的戰爭大都是在鄰國間發生的地緣原因。另外，當時各國尚沒有遠距離殺傷武器，缺少遠端運輸工具，即使強者，也很難做到「越國以攻遠」或「越國以鄙遠」，而只能是蠶食漸進，逐步擴張。正是由於這兩條原因，不但中國古代的戰爭大都是在鄰

國之間發生的，而且世界上發生的「近攻」戰爭也佔相當大的比例。

　　據卡萊維‧霍爾斯蒂《戰爭與和平：武裝衝突與國際秩序，一六四八——一九八九》統計，從一六四八年到一九八九年因領土問題引發的戰爭佔同時期戰爭的比例情況是：一六四八——一八一四年，佔百分之三十四；一八一五——一九一四年，佔百分之二十八；一九一八——一九四一年，佔百分之二十三；一九四五——一九八九年，佔百分之十八。從一些國家領土的拓展情況來看，它們也走的是由近及遠的擴張道路。如美國經過「門羅主義」、「門戶開放」和「杜魯門主義」三個階段，逐步對外進行擴張，才將其勢力擴展到全世界。沙俄帝國的版圖在一五四七年伊凡四世加冕時僅為二百八十萬平方公里，但到第一次世界大戰前夕，就已擴展成橫跨歐亞兩大洲、面積達二千二百八十萬平方公里的帝國，其面積擴大了二千萬平方公里，它所走的也是一條由近及遠的擴張道路。

　　近代以來，西方國家海上運輸能力大大提高，陸軍部隊的機械化程度不斷進步，並出現了飛機等空中運輸工具，「遠攻」戰爭才逐漸多起來。如一八四〇年的鴉片戰爭及後來的八國聯軍進攻中國等，都已是遠攻戰爭。但地理因素仍在影響著各國戰略的制定和戰爭的結局。第二次世界大戰，德國、法西斯基本上也是由近及遠進行侵略的；而日本遠端襲擊珍珠港，致使美國參戰，則是其戰略決策上的重大失誤。一九七一年印度之所以能夠輕易肢解巴基斯坦，挾持原東巴基斯坦成為獨立的孟加拉國，西巴基斯坦難以越過印度去管理東巴這一地緣因素無疑起了很大作用。

「遠交近攻」已不再是各國制定聯盟戰略的主要依據

　　在現代高科技條件下，人類的遠端運輸能力和遠端打擊能力不斷提高，地球變成了一個小小的「村莊」。一些強國爭奪的對象已不是一般

的土地，而是更看重世界各地的資源。為了最大限度地爭奪海洋、陸地乃至太空的資源，再遠的地方他們也要去，也會爭，也能打。以美國為首的北約打擊伊拉克、科索沃、阿富汗等，就是遠攻。他們確定「交」還是「攻」的主要依據已不是距離的遠近，而是本國利益的損益。利之所在，再遠，也會去爭。害之所在，再近，他們也會設法規避。本國利益至上，已成為他們實行世界霸權主義最根本的動力；有資料統計，二○○一年「九一一」事件後，美國派往世界各地的士兵已達三十萬，駐紮在140多個國家。在原來基礎上，又在烏茲別克斯坦、塔吉克斯坦和吉爾吉斯坦等國增派了兵力，從而在一定程度上控制了這一地區的能源。當然，仍有一些地區霸權主義者，為了在某一地區稱王稱霸，還在拾中國古人的牙慧，實行遠交近攻的戰略，結交遠方的大國，不斷攻伐鄰近的國家。這是我們應當密切注意的。

「遠交近攻」作為一種地緣戰略，其在當代的地位已遠不如古代那麼重要。西方國家所施行的聯盟戰略除考慮地緣上的距離因素外，更注重推行全球霸權主義，即在全球範圍內，不管遠近，只論順逆；更注重用意識形態來劃分敵、友、我，排斥不同文明和不同社會制度；大力推行西方價值觀念，對不同文明、不同制度的國家進行西化、分化；其主要手段是「文化」與「武攻」兼施。美國總統布希於二○○二年五月二十日在白宮講話中強調，對古巴政府不會放棄孤立政策，除非古巴「放棄社會主義制度」，「進行自由公正的議會選舉、釋放政治犯、允許黨派自行活動和經濟改革」。可想而知，他對其他社會主義國家也會同樣堅持這一原則。伊朗總統是由選舉產生的，但它不聽美國人的招呼，美國照樣要整治它。美國不允許伊朗、朝鮮擁有核武器，但對以色列等美國的小兄弟擁有那玩意兒就充耳不聞。這些做法都已不是地緣上的原因，而是以意識形態或政治原因畫線的結果。美國的這種「文化」或「文攻」戰略無疑是其全球聯盟戰略的重要內容之一。這些都遠遠超出

了「遠交近攻」的範疇。

【按】混戰之局，縱橫捭闔之中，各自取利。遠不可攻，而可以利相結；近者交之，反使變生肘腋。范雎之謀，為地理之定則，其理甚明。

【按語今譯】國家出現混戰的局面後，各種勢力都在縱橫捭闔之中爭取利益。對居於遠處的勢力不能進攻，但可以某種利益與它結交；與居於近處的勢力結交，反而會使變故發生在自己身邊。范雎制定的遠交近攻謀略，是為地理條件的制約而做出的必然準則，其中的道理是顯而易見的。

第二十四計
假途伐虢

計文

　　兩大之間，敵脅以從，我假以勢。困，有言不信。

今譯

　　對處於敵我兩大國之間的小國，如果敵方脅迫它屈服，我就以實力支持它。《易·困》卦説，對處於困境者只憑嘴説，是不會取得它的信任的。

「假途伐虢」的要義是運用聯盟策略達成戰略目的

此處的「假途伐虢」是為強者說話

為了說明此計的含義，我們需要先從「假途伐虢」這個成語的來歷說起。

周惠王十九年（前六五八年），晉獻公想吞併鄰近的虞（在今山西平陸東北）和虢（在今河南陝縣東南）兩個小國，又擔心它們會聯合起來互相救援對抗自己，晉國因此會付出太多的代價。晉大夫荀息獻計說，可先用駿馬和美玉賄賂虞公，讓他同意晉國借道虞國去攻打虢國，然後順便把虞國滅掉。晉獻公採納了這一建議。虞公貪圖這些賄賂之物，不聽大夫宮子奇的勸阻，同意借道給晉國。於是在這年的夏天，晉軍在虞軍的配合下，輕易地攻佔了虢國的下陽（在今山西平陸北）。此後第三年晉獻公又向虞公借道攻打虢國。宮子奇極力勸說虞公不要答應，提出虞和虢是「輔車相依，唇亡齒寒」的關係，一旦虢被滅掉，虞國也難以獨存。虞公拒不聽諫，堅持再次借道給晉國。宮子奇看到虞公已不可救藥，就率領自己的族人離開了虞國，他說：「虞國過不了今年了。晉軍此次行動就會滅亡虞國，不用另外再次舉兵了。」這年的十月，晉軍圍攻虢國都城上陽（今河南陝縣境內），虢國因弱小無援，終於在十二月初一被晉國滅掉，虢公丑逃到王城（今洛陽）。晉軍在勝利回師的路上，乘虞國沒有防備，輕易地活捉了虞公，又襲滅了虞國，果然應了宮子奇出走前所說「虞不臘矣」的話。

對這個故事，人們多站在弱國的立場上，批評虞公貪小利而亡國家，提醒弱國要記住「輔車相依，唇亡齒寒」的道理，不要輕信大國的諾言，堅持以聯合抗擊強國。《三十六計》的作者則是站在強者的立場

上，強調他們要善於利用矛盾，爭取中間勢力的支持和幫助，從而結成暫時的聯盟，達到自己的戰略目的，即消滅眼前的主要敵人。至於事後如何處理當初結成的盟友，此計正文並沒有講。這需要根據當時的形勢進行決策。

元太宗窩闊台像

類似晉國假途滅虢的故事，在中國歷史上甚多，我們還可以舉出一些。

十三世紀初，在中國出現了蒙古、南宋、金對峙時期，三方為自身的利益而不斷爭鬥。三國的地理位置大致是，蒙古在北，金在中，南宋在南。其中金和宋打了多年的仗，雙方積怨很深。而當時蒙古與宋還沒有直接的利害衝突。所以，蒙古的戰略是想先滅掉金，然後再圖宋。蒙古的成吉思汗在臨終前給他的後人留下了一份滅金方略的遺囑，其核心內容就是聯宋滅金。提出蒙古可向宋借道，南下唐（今河南唐河）、鄧（今河南鄧州），直搗金朝新都汴京（今河南開封）。他分析，「宋、金世仇，必能許我」。成吉思汗死後，他的第三個兒子窩闊台做了蒙古大汗，遵照其父的遺囑，他決定分三路攻金：窩闊台自率中軍渡黃河攻洛陽；鐵木哥斡赤金統左軍由濟南出兵西進，配合中軍突破金人的黃河防線；拖雷統右軍經寶雞，繞道南宋境內，直搗汴京之背。為了取得南宋政權的配合，窩闊台派王楫為使者，到襄陽與南宋統治者談判，宋理宗趙昀在史嵩之、孟珙等人的鼓動下，只想藉此機會恢復北方故土，於是與蒙古稀裏糊塗地訂立了盟約。蒙古應允滅金後，將金國佔領的河南之地歸還宋朝，宋軍配合蒙古軍北上攻金。金哀宗在危亡之際派使者到宋朝講和，其中談到，蒙古「滅國四十以及西夏，夏亡及於我，我亡必及

於宋。唇亡齒寒，自然之理。若與我連合，所以為我者亦為彼也。」（《金史》卷十八《哀宗紀》下）但宋朝君臣一心只想報仇雪恥，收回被金侵佔的土地，對蒙古統治者的戰略意圖缺乏深刻的認識，關於蒙古滅金以後的事情怎樣，不願去多想，就斷然拒絕了金朝的求和，如約發兵圍攻金哀宗所在地蔡州（今河南汝南），一舉滅亡金朝。南宋政權在滅金後一無所獲，正如金朝使者所言，反而成了蒙古大軍下一個征服的對象。在十三世紀初的中國大地上，又上演了一齣新的「假途伐虢」的好戲。

借道者未必都會把被借者消滅

讀此計，不要產生這樣一種思維定勢：在任何形勢下，都不能「借道」給盟友，借給他道就一定會被對方吃掉。這樣理解，就把問題絕對化了。中外歷史上並不是所有的借道者都會把被借者順手滅掉的，也有借道達成目的後仍與被借者繼續保持著盟友關係的。其原因，一是出於守信。如西元前六六四年，齊桓公應燕國之請北擊山戎，勝利後，燕莊公送齊桓公到齊國境內。齊桓公說，周禮規定，「非天子，諸侯相送不出境，吾不可以無禮於燕」。就以燕君走到的地方為線，將其腳下的土地劃歸燕國。齊桓公此舉，大得諸侯們的稱讚。二是出於自身力量不足和互相之間需要與對方繼續合作。如戰國時，關東諸國聯合伐秦，跨越一些國家攻函谷關，事後回歸，互不侵犯者多，順手牽羊者少。所以，是否「借道」給盟友，要根據形勢具體分析，不能一概而論。

現代高科技戰爭條件下的戰爭，仍需要「借道」，需要盟國的幫助。近代以來，西方國家非常重視聯盟戰略，其出兵侵略，大都以「盟軍」的形式出現。這樣做，可以解決一國財力、兵力等不足的問題；便於「借道」，利用盟國的軍事基地，縮短對目標的打擊距離；還可增大威懾強度，給被侵略國在精神上造成壓力等。二十世紀末二十一世紀

初，以美國為首的北約組織發動的幾場戰爭，如攻打伊拉克、轟炸科索沃，進攻阿富汗等，都是如此。以美軍攻打阿富汗為例，它以「反恐怖主義」為名，爭取到了很多國家的支持。在軍事上，美軍不但利用了其在英國、義大利、土耳其等盟軍的軍事基地，而且還利用了其在中東和海灣地區的一些非北約組織成員國家如沙特、巴林、阿聯酋、阿曼、埃及、科威特等國的軍事基地。另外，美國還透過談判，取得了借用阿富汗周邊一些國家對之開放領空和基地的權利，如巴基斯坦、印度、烏茲別克斯坦、塔吉克斯坦等，美國首次向這四個國家派駐了部隊。美國海軍力量的調動也利用了許多在國外的基地，如美軍曾下令「佩勒利烏」號兩棲艦編隊由東帝汶趕赴波斯灣，「小鷹」號航空母艦編隊由日本橫須賀開往阿拉伯海等。美國人施行的這種作戰樣式，在今後的戰爭中還會使用。孤立者力薄，聯合者勢眾。這一道理在古今中外都是通用的。

中國古代聯盟戰略思想要點

如上所言，此計講的是聯盟的戰略策略問題，因此，有必要在此把中國古代聯盟戰略思想做一簡要梳理，以供今人借鑒。撮其要者，至少有以下幾點：一是重視聯盟戰略。清人陳慶年在《兵法史略學》中總結中國古代聯盟戰之經驗教訓時說：「強國環峙，其相圖以謀，相壓以力，蓋非假（憑藉）盟約、重邦交以維持之，事有必不至者矣。」春秋時期的霸主之爭，戰國時期的連橫、合縱戰略的實施，三國時的三角鬥爭等，都說明了這一點。二是揭示聯盟戰略的真諦。這就是孫子在《軍爭篇》中所說的「兵以詐立，以利動，以分合為變」。古今中外的聯盟，無不以伸張正義為名，而其骨子裏的東西，則都是為了維護其國家或集團的根本利益，這是決定聯盟存亡的最根本的動因。以此來評判古今中外的聯盟與戰爭，就會洞若觀火，不會為其冠冕堂皇的宣言所迷惑。三是指出了主盟者必須堅持的最基本原則：「信」。管仲主張主盟

者要「以禮與信屬諸侯」（《左傳》僖公七年）。齊桓公在柯（今山東東阿南）被曹沫劫持，答應返還魯國失地後，又想反悔，管仲以「棄信於諸侯，失天下之援，不可」（《史記》卷三十二《齊太公世家》）為由進行勸阻。四是提出了要聯盟，先自強的主張。這方面的代表性言論是唐太宗李世民的話，叫做「治安中國，而四夷自服」（見《資治通鑑》卷一百九十三《唐紀》太宗貞觀三年）。五是主張在力量不如人時，要韜光養晦。

努爾哈赤像

用《易·明夷》裏的話說，叫做「晦其明」。周文王之對殷，越王勾踐之對吳王夫差，劉邦之對項羽，漢初之對匈奴，唐初之對突厥，努爾哈赤之對明等，都曾使用此策。六是提出了在聯盟中自我定位的原則：「約不為人主怨，伐不為人挫強」（《戰國策·齊五》）。七是總結出了盟國間的親疏規律：「相益則親，相損則疏」（《鬼谷子·謀篇》）。八是指出了駕馭盟國的基本策略：「屈諸侯者以害，役諸侯者以業，趨諸侯者以利」（《孫子·九變》）。九是要有「天下為家」的胸懷，對盟友不可斤斤計較，過於苛求。諸葛亮為聯吳而「略其釁情」，清人薛福成認為「釋怨修好，則一國順而全局為之轉移」（《籌洋芻議·敵情》）等，都體現了此意。十是認為聯盟是動態的，不是一成不變的，決策者要善於因勢而變。如晉與虞結盟滅虢後又滅虞，劉邦與項羽結盟滅秦後又滅楚等。這些原則和策略對於我們今天開展戰略合作，仍具有啟示意義。晚清政府實行閉關鎖國政策，喜歡關起門來稱「老大」，不善於使用聯盟戰略，自我孤立，結果，真正成了孤家寡人，被帝國主義的聯軍打得一敗塗地。這個教訓是我們務必要汲取的。

在經濟一體化中謹防有人玩「假途伐虢」之計

經濟一體化使世界各國經濟的互動作用越來越強。正如有的經濟學家所形容的，美國經濟一旦「感冒」，全世界經濟都跟著打「噴嚏」。一些地區性經濟強國為維護本國利益，也常常利用這種經濟互動作用造成以鄰為壑，如利用貨幣貶值、貿易壁壘、不正當競爭等手段，將本國的災難轉嫁給別國。一些經濟大國想要「左右逢源」，時而聯合或借助甲國整乙國，時而聯合或借助乙國整甲國，自己坐收漁翁之利。其原理與《三十六計》中的「假途伐虢」之計相通。我們加入WTO後，在全球性經濟合作中，應學會結盟、解盟、用盟的各種謀略，既要對朋友堅持誠信和負責的態度，又要了解對手使用的欺騙手段，從而採取相應的對策，防止為人所用甚至為人所賣，中了人家的「假途伐虢」之計。

【按】假地用兵之舉，非巧言可誑。必其勢不受一方之脅從，則將受雙方之夾擊。如此境況之際，敵必迫之以威，我則誑之以不害，利其幸存之心，速得全勢。彼將不能自陣，故不戰而滅之矣。

【按語今譯】以對敵國用兵為名，向鄰國借路，不是靠花言巧語就能誑騙得了它的，而是要利用它不是受一方威脅而屈服、就將受到雙方夾擊的態勢來實現我的計謀。在這種態勢下，敵方必然會以威懾手段迫使它屈服，我則欺騙它說不侵犯它的利益，利用它僥倖圖存的心理，迅速控制住整個局勢。這樣，它來不及排兵列陣，我就兵不血刃地把它消滅了。

第五套
併戰計

第二十五計
偷樑換柱

計文

頻更其陣，抽其勁旅，待其自敗，而後乘之。曳其輪也。

今譯

頻繁地變更對手的陣勢，抽換它的骨幹力量，在它自成敗勢後，乘機兼併它。這就是《易·未濟》卦說的拖住它的車輪子的計謀。

「偷樑換柱」是在軍事上兼併或消滅對手的謀略

「偷樑換柱」又作「抽樑換柱」，清人小說中已有此成語。如《紅樓夢》第九十七回：「偏偏鳳姐想出一條偷樑換柱之計。」又，《鏡花緣》第九十一回：「我不會說笑話，只好行個抽樑換柱小令。」這一成語在民間流傳還應更早。其基本含義是偷換事物或論題的主體內容，以達到欺騙對方的目的。《三十六計》中的「偷樑換柱」從其正文內容看，是指用計謀頻繁調動敵人，抽換它的骨幹力量，在它衰敗時，乘勢兼併或消滅它。這與《易·未濟》卦爻辭中所說的「曳其輪」相符。「曳其輪」的意思是指拖住車子的輪子，車子就可被我控制，比喻抓住對方的要害部位，從而控制對方。

「偷樑換柱」之計在軍事上常被用於對付敵人或可能成為敵人的對手。在非軍事領域，如政治鬥爭、外交鬥爭等，也常被應用；在論戰中，人們也會經常碰到這種現象，如偷換概念進行詭辯等。此計應用範圍比較廣泛，所以，掌握此計原理，對於戰勝敵人或防止在日常生活中受騙上當，均有好處。

「偷樑換柱」之計在軍事上的應用屢見不鮮

李晟、李懷光互相「偷樑換柱」。唐建中四年（七八三年），唐德宗為亂兵所逼，從京城長安逃往奉天（今陝西乾縣）。留居長安的前太尉朱泚（音此）在亂兵的擁立下，起兵反唐，自稱為大秦皇帝，並發兵包圍奉天。唐朔方、邠寧節度使李懷光從魏縣（今河北大名西南）、神策河北行營節度使李晟從定州（今屬河北）分別率兵赴奉天救駕，迫使朱泚解奉天之圍，退守長安。唐德宗命李懷光、李晟等限期克復長安。李懷光因對宰相盧杞不滿，以為自己受奸臣排擠，屯兵咸陽故意逗留不

前，並與朱泚暗中勾結。李晟察覺
出李懷光「陰有異志」，於是雙方
互相聯繫，又互相防備，展開了一
場錯綜複雜的互相「偷樑換柱」的
明爭暗鬥。先是李懷光向唐德宗奏
請與李晟合軍，想以此制約進而吞
掉李晟軍。李晟心有防備，奉詔後
移軍咸陽（今陝西咸陽東北）之西
的陳濤斜，命令部隊作好前防朱
泚、後備李懷光的雙向準備。後來

李晟像

李懷光又要求李晟自己簽署命令，減低神策軍的待遇，企圖以此離間李
晟與其部下的關係。李晟巧妙地回答：「您是主帥，一切由您做主。我
只是一個將領，服從命令而已。如何裁減衣食，請您決斷。」李懷光自
己不願出頭得罪神策軍將士，只好作罷。李晟為防備李懷光偷襲，後來
又以「奉詔」為名，移軍東渭橋，並加強戒備。李懷光見對李晟難以用
「偷樑換柱」之計進行瓦解，就採取行動，偷襲了廊坊節度李建徽、神
策將楊惠元部，並兼併了他們的部隊。李晟以「忠義」相號召，爭取到
了率奉天之眾的戴休顏、治邠寧（今彬縣）之師的韓遊環、守潼關的駱
元光、屯七盤的尚可孤的支持，並注意做瓦解李懷光部隊的工作，李懷
光部將孟涉、段威勇在其感召下率數千人馬投靠李晟，李晟以「偷樑換
柱」之術「回敬」李懷光，亦取得成功。李懷光怕受到李晟的攻擊，又
怕為朱泚不容，只好率眾逃往河中（今山西永濟西南）。李晟得以集中
力量對付朱泚，一舉攻克長安。

「偷樑換柱」在非軍事領域被廣泛應用

　　「偷樑換柱」在日常生活中常被借用。如中國古人有說話委婉的傳

統，用現代漢語詮釋，叫做「換個說法」。漢朝的賈誼曾專門上疏揭露批評了官場上為諱言官員罪責而用「婉言」的做法，如對貪污者說是「簠簋（音府鬼）不飾」；對亂搞男女關係者說是「帷薄不修」；對因能力庸劣而造成重大損失者，說成是「下官不職」等。現在有些人在操弄偷換概念、玩文字遊戲以謀取私利方面，已遠遠超過古人。如某官員腐敗透頂，但又不想讓人抓住把柄，所以就操弄偷換概念的伎倆，當女人求他辦事時，他回答：「日後再說吧。」當男人求他辦事時，他告訴對方：要「提前（錢）打招呼啊！」再如，時下人常說的「意思意思」，也是很有「意思」的詞語，這裏的「意思」已根本不是原來的「意思」，原來「意思」所包含的「樑」啊「柱」的，全已被人偷換掉了，從而變成了現在的「意思」：給好處。

　　「偷樑換柱」之計常被用於答辯之中。筆者曾讀到一則《黎駐美大使與美記者鬥嘴》的短文，記述了黎巴嫩駐華盛頓大使阿布邦德日接受美國福克斯電視臺記者專訪時的問答內容。這位大使在回答問題時就採用了故意偷換主體、答非所問的方式，讀來頗有意思。現轉錄如下，以飧讀者：

　　記者問（下簡稱「問」）：大使先生，您認為真主黨是恐怖組織嗎？

　　大使答（下簡稱「答」）：是的，沙龍是恐怖份子。

　　問：對不起，大使先生，我問的是真主黨以無辜民眾為目標並且殺害民眾的行為，請談談您對真主黨的看法。

　　答：是的，沙龍殺害了成千上萬的無辜民眾，他是最大的恐怖份子。

　　問：大使先生，請回答我的問題：您認為真主黨「是」恐怖組織還是「不」？您是否反對屠殺無辜民眾？

　　答：我反對屠殺無辜民眾，但你必須分清誰是無辜民眾。沙龍屠殺

了成千上萬無辜民眾，現在還在殺，因此他是恐怖份子。

問：那麼真主黨又如何呢？您的意思是說真主黨從來沒有殺害過，也從來沒有設計殺害任何無辜民眾？

答：真主黨是一個反抗組織，在黎巴嫩國會中有席位，他們是為正義而戰。如果在戰鬥中有無辜民眾傷亡，那麼也是戰爭使然。反正，真主黨絕不會以平民為攻擊目標，不像戰爭販子沙龍，只會以無辜民眾，甚至小孩為目標。

問：大使先生，照您的意思，您是贊同真主黨的自殺炸彈攻擊方式？

答：我絕不贊同戰犯沙龍的攻擊方式。

問（略顯沮喪）：大使先生，請不要迴避我的問題，請直接回答問題，您是否支持自殺炸彈？

答：我不支持殺害無辜民眾，但我們必須先分清誰是無辜民眾，誰不是無辜民眾。如果巴勒斯坦自殺炸彈炸死一堆以色列士兵，而這些士兵曾經用暴力對待手無寸鐵的巴勒斯坦人，那麼，你認為這些士兵是無辜民眾嗎？

問（歎口氣）：大使先生，您是否承認以色列人的生存權利？

答：是的，我承認巴勒斯坦人的生存權利！

問：大使先生，請不要答非所問，請照實回答，您「是」承認以色列人的生存權利還是「不」？

答：以色列早已存在了，承認不承認已不重要，重要的是承認巴勒斯坦人的生存問題。

問：大使先生，您的回答是偏袒一方，而且有先入為主的成見，為什麼？

答：不，你的問題才是偏袒一方，而有先入為主的成見。

（據《參考消息》二○○二年四月二十三日第三版）

【按】陣有縱橫，天衡為樑，地軸為柱，樑柱以精兵為之。故觀其陣，則知其精兵之所在。共戰他敵時，頻更其陣，暗中抽換其精兵，或竟代其為樑柱，勢成陣塌，遂兼其兵。併此敵以擊他敵之首策也。

【按語今譯】陣形雖有縱陣和橫陣，但其陣前、陣後部署的兵力稱「天衡」，就像房樑；陣中央部署的兵力稱「地軸」，就像房屋的支柱。這兩個部位一般都會部署精銳部隊。所以，只要觀察一個部隊的陣形，就可以判斷出它的精銳部隊所在。對與我暫時共同攻擊敵人的「友軍」，也應該設法頻繁變更它的陣勢，暗中抽換它的精兵，甚至以自己的勢力替代它充當「樑柱」，這樣的態勢一形成，它的戰陣就會垮臺，我就可以乘機兼併這支部隊。這就是兼併此敵以攻擊他敵的首選之策。

第二十六計
指桑罵槐

大凌小者，警以誘之。剛中而應，行險而順。

今譯

　　勢力大的駕馭、控制勢力小的，可以用警示的辦法對它們進行誘導。這就是《易‧師》卦中說的，統治屬下，手段強硬而合乎情理，行為險狠而順應時勢。

「指桑罵槐」是用心理暗示傳達信息的手段

　　「指桑罵槐」原義是罵甲給乙聽。相近的詞語還有「指雞罵狗」、「殺雞給猴看」、「敲山震虎」、「殺一儆百」等。在心理學上，這種方法屬外來間接暗示，即利用隱蔽的形式向第三者（含群體）傳達某種信息，使被暗示者對暗示的內容理解並接納。表達這種信息的方式可以是言語，也可以是非言語，如表情、手勢及其他動作等。

　　《三十六計》裏的「指桑罵槐」既是一種內部管理的藝術，也是一種對敵和外部勢力鬥爭的謀略。此計的本文並沒有將此計限定在內部使用的範圍。既然此計是「毒（治理）天下」的謀略，當然是我、友、敵、非友非敵者都是在治理之內的。

　　用這種手法「治理」天下的，古今中外都不乏其例。

將「指桑罵槐」用於軍事外交鬥爭

　　(1) **齊桓公懲一警百**。春秋時期，齊桓公「九合諸侯」，「一統天下」，以「尊王攘夷」為旗幟，對那些不聽號令者，即進行懲戒，以達到「殺雞給猴看」的目的，使其他諸侯國都服從自己。懲戒的手段，一是「經濟制裁」。如對楚、代、衡山等國，都曾採用這種手法，使之不戰而屈。二是武力威懾。如西元前六八一年，齊桓公與宋、魯、陳、蔡、鄭、曹、邾等國在北杏（在今山東東阿縣境）會盟，宋公御說背盟，齊就會合陳、曹兩國軍隊集結於宋國邊境，並派齊國大夫寧戚遊說宋公，宋公在盟軍大兵壓境的威懾下，終於向齊桓公認錯，並答應加入盟約。三是訴諸武力。即對那些一意孤行、不聽勸說的諸侯國採取軍事行動，如西元前六五六年春，齊桓公率魯、宋、陳、衛、鄭、許、曹八國聯軍征服楚國的盟國蔡國，然後在召陵（在今河南偃城東）耀兵，與

楚國訂立召陵之盟，從而遏制了楚國向北方發展的勢頭。齊桓公的這些做法都含有殺一儆百、敲山震虎，以使其他諸侯服從自己霸主地位的目的。

齊桓公像

(2) **美國耀武揚威**。當今世界，美國攻打伊拉克、科索沃、阿富汗等國，也包含有「殺雞給猴看」的目的，即用這種手段向全世界傳達這樣一個信息：順我者昌，逆我者亡，以此來維護、鞏固和提高自己的世界霸主地位。它採取的這一手段，齊桓公早在二千多年前即已應用過了，只不過美國的做法較之齊桓公時已經現代化罷了。比如，它的經濟制裁手段包括限制石油出口，齊桓公時就沒有這玩藝兒；美國的威懾手段中有核威懾和高科技兵器威懾，齊桓公對此也是擀麵杖吹火——一竅不通；美國的軍事進攻有陸、海、空、天一體作戰等，齊桓公對此連想也不會想到的。但他們都採取的是「指桑罵槐」的戰略手段則是相同的。

將「指桑罵槐」用於內部管理

《三十六計》中的「指桑罵槐」更多地是用於內部管理。這是一種懲戒的藝術，激勵的藝術，駕馭部下的藝術。

(1) **周世宗整肅軍紀**。五代時，周世宗柴榮征伐北漢，兩軍在高平（今屬山西）遭遇。剛一交鋒，周軍的右翼軍因畏敵怯戰而潰散，統率右翼軍的將領樊愛能、何徽率先帶著幾千騎兵向南狂跑，並沿路搶劫，散布周軍已經失敗的謠言，致使其右軍剩下的步兵跑不快的，只好向北漢軍投降。在萬分危急的形勢下，柴榮自率親兵與敵人搏殺，當時擔任

禁軍將領的趙匡胤、張永德各率
二千人拼死戰鬥，終於反敗為
勝。事後，柴榮決意以此為契機
整肅軍紀，把樊愛能、何徽和軍
使以上七十餘名將官全部斬首；
同時，重賞有功將士，破格提升
趙匡胤為殿前都虞侯，其餘升遷
的也有數十人。柴榮乘勢大力進
行軍事改革，後周軍隊因此成為
當時最有戰鬥力的部隊。周世宗

後周世宗柴榮像

在高平之役後採取的嚴厲懲戒和破格獎勵的做法，無疑都具有極為強烈
的心理暗示作用，是嚴明軍紀、激勵進取、提高軍隊戰鬥力的有力措
施。

　　(2) 狄青「必立行伍」。歷史告訴我們，一種極端傾向往往是對另一
種極端傾向的懲罰。嚴厲的懲戒措施，大都是針對軍紀敗壞傾向而必須
採取的矯枉過正的行為，非如此，就不能達到「正」的目的。宋仁宗時
期，將驕兵惰，軍紀敗壞，賞罰不明，士氣不振。下級出了問題，上級
大都採取姑息政策。在軍隊中造成了「軍多棄其將，不肯死戰」的狀
況。再加上當時主將權力受到過分的限制，因而軍隊缺乏強有力的統一
指揮。這樣的軍隊當然不可能打勝仗。當時有一位能征善戰的將領，叫
狄青，他針對這種情況採取了每戰「必立行伍」的辦法，即在戰前都要
進行嚴格的紀律整頓，因此常能打勝仗。西元一〇五三年，他奉命征討
儂智高，任務艱巨，更須如此。因此，他在出發之前就確立了「立軍
制，明賞罰」的方略，並在實踐中堅決落實。

　　由於征儂任務緊迫，不允許狄青專門拿出時間先對軍隊進行整頓，
於是，他把行軍與整軍結合起來，採取了寓整於行、邊行邊整的方法。

整頓的原則是循序漸進，先寬後嚴。開始行軍，每天只走一個驛站的距離，到了大一點的城市就進行休整。到了潭州（治今長沙）後，整飭軍紀趨於嚴厲。有一士兵搶了行人一把蔬菜，狄青下令將其斬首示眾，於是一軍肅然，「萬人行，未嘗有聲」。在整頓中，他堅持以將官為重點，以加強統一指揮為核心內容。他認為，號令不統一，是宋軍打敗仗的主要原因，因而強調諸將都必須聽他的統一號令。到賓州（治今廣西賓陽）後，他按兵不動達十三天之久，其主要目的就是在戰前透過整肅軍紀解決將官中不聽統一號令、主將對其「力不能制」的問題。正月初八日，他下令將擅自與敵戰而遭到失敗的廣西鈐轄陳曙、殿直袁用等三十一人斬首，諸將失色，全軍震動，從而大大強化了全軍特別是將官服從統一指揮的觀念，為取得這次戰役的勝利奠定了堅實的基礎。

「剛中而應，行險而順」必須處理好三個問題

這裏特別需要說明的是，要做到「剛中而應，行險而順」，必須防止「剛」而過度，「險」而不順。為此，有三個問題要處理好。

一是應首先確立法制，防止在執法過程中出現隨意性。古人要求，制定法制時，必須「務在酌中，以為定制」，防止出現「過」和「不及」兩個極端。曹操的兒子曹丕就犯過因不先立法而從一個極端跳到另一個極端的錯誤。他即位不久，社會上對他不滿的言論甚多，曹丕對之深惡痛絕，下令說：有妖言惑眾者殺，有告發妖言惑眾者賞。治書侍御史高柔認為這樣

曹丕像

不妥,勸他應先立「除謗賞告」之法,然後再行賞罰。曹丕不聽,導致社會上互相誣告的事件越來越多。曹丕沒了辦法,又下詔書說:「敢以誹謗相告者,以所告者罪罪之。」這樣一來,即使想實事求是揭發問題的人也都望而卻步。曹丕在鼓勵人們揭發問題時,忽略了另一種可能出現的傾向:誣告。當他糾正誣告這種傾向時,又走到另一極端。之所以會出現這種現象,主要原因是他政治上犯有幼稚病,不先立法制,在思維方式上違反了「執中」原則。曹丕這種「折餅子」的治國方法,一直受到後人的批評。

二是執行法律時要賞罰適中,既防止過嚴,又防止過寬。有人認為,懲治犯罪,越嚴越好。其實未必,過嚴會適得其反。三國時,曹操為制止士卒逃亡,要加重對逃亡者的刑罰,擬將逃亡者的母親、妻子及弟弟等全部殺掉。時任丞相理曹掾的高柔認為,這樣做,不但不能制止士兵開小差,反而會使逃跑的人更多。理由是,已經逃亡者原本也有後悔的,我們寬待他們的家屬,一可使敵人不相信他們,二可誘使他們回歸。「自今在軍之士,見一人亡逃,誅將及己,亦且相隨而走,不可復得殺也。」意思是說,逃兵為了避免全家被殺,要逃就一起逃,你反倒一個也殺不著了。曹操採納了他的這一建議,果然減少了士兵逃亡的現象,因而少殺了很多人。可見過嚴和過寬一樣,都達不到「治」的目的。

三是寬嚴因勢而權。中國歷史證明,國家政失之於嚴,則應濟之以寬;政失之於寬,則應糾之以猛。秦末,政失之於暴,所以漢高祖濟之以寬。王猛治理前秦時,則主張治亂世施以重刑;民國蔡鍔提出,在「逿泄成風,委頓疲玩之餘,非振之以猛,不足以挽回頹風」,主張「以菩薩心腸,行霹靂手段」。這些言論和做法都體現了審時度勢、因勢而權、以權獲正的思維特點。

如果能做到這三點,就基本上可以實現「剛中而應,行險而順」

了。

心理暗示藝術在非軍事領域廣泛應用

「指桑罵槐」的現象，人們在日常生活中也可以經常見到。作為一種批評的藝術，領導者常常使用。這裏需要注意的是，這種批評應是出於善意的，通常是比較溫和的。只有這樣，才有可能取得理想的批評效果。美國《星媒體》網站二〇〇二年三月十五日登載了一篇《如何對同事進行得體批評》的文章，提出了批評藝術十大技巧，這就是：態度寬容，避免嘲諷，內容具體，避免主觀，注意效果，選擇時機，設身處地，準備充分，語氣平和，褒貶兼顧。講得還是不錯的。

心理暗示式的批評，不但上級對下級使用，平級之間乃至下級對上級的批評都可使用，中國古代許多精彩而有效的諫言都採取了這一方法。如唐太宗與魏徵討論隋煬帝為什麼會亡國時，魏徵藉機進言說：「煬帝恃其俊才，驕矜自用，故口誦堯舜之言而身為桀紂之行，曾不自知以至覆亡也。」唐太宗聽後說：「前事不遠，吾屬之師也。」（《資治通鑒》卷一百九十二《唐紀八》太宗貞觀三年）魏徵使用的就是藉批評隋煬帝來提醒唐太宗的方法，從而達到了理想的心理暗示效果。

【按】率數未服者以對敵，若策之不行，而利誘之又反啟其疑，於是故為自誤，責他人之失，以暗警之。警之者，反誘之也。此蓋以剛險驅之也。或曰：此遣將法也。

【按語今譯】統率一些不大服從命令的部屬去與敵人作戰，如果用行政命令指揮不靈，用物質利益引誘又反會引起他們的疑心。在這種情況下，就可以故意造成某種失誤，再譴責他人失職，以此暗示並警告那些不聽指揮的人。這種警告方式，反能誘導他們服從。這就是用威嚴險狠驅使不服者的手段。有人說，這也是一種調兵遣將的方法。

第二十七計
假癡不癲

計文

　　寧偽作不知不爲，不偽作假知妄爲。靜不露機，雲雷屯也。

今譯

　　寧裝作不知道而不去做，也不假裝知道而輕舉妄動。沉著冷靜，不露玄機，這就如同《易·屯》卦中所說的：雷電在冬季積聚不動。

「假癡不癲」是韜光養晦、待機而發的謀略

「假癡」思想在中國源遠流長

「癡」和「癲」原是人類的兩種生理性疾病。「癡」是呆傻，「癲」是瘋癲。但此計的「癡」和「癲」都不是指生理上的疾病，而是指人外在的精神狀態，「假癡」是指人假裝癡呆，或理解為憑藉癡呆；「不癲」喻指不輕狂，比如古人說的「喜怒不形於色」，「玄機深藏不露」、「大智若愚」等。

此計的「按語」並未得計文的要領。從此計正文看，這裏的「假癡不癲」較該詞原意有了較大的拓展和延伸：一是這裏「假癡不癲」的主體，主要是指國家和軍隊的決策者，而不僅是指個人；二是這裏的「假癡不癲」主要講的是韜光養晦的謀略；三是這一謀略不但戰役、戰術上需要應用，戰略上同樣也需要運用。

此計正文中說：「寧偽作不知不為，不偽作假知妄為。靜不露機。雲雷屯也。」其中第一句講的是「假癡」，第二句講的是「不癲」。兩句都是講「靜不露機」的問題。而其依據則是《易‧屯》卦中的象辭：「雲雷屯，君子以經綸。」這句話的意思是說，在時機未到來時，決策者和他的軍隊就應像冬天隱藏在地下的雷電一樣，到了春天（時機成熟了），這種雷電才激薄而出。這樣的軍隊不出則已，出則必勝。可見，這是一條講韜光養晦的謀略。

韜光養晦、待機而發的謀略思想，在中國源遠流長。韜光養晦，也稱韜光用晦、韜光隱晦、韜光晦跡、韜光斂彩等。韜是弓的外套，「韜光」意思是說收斂、藏匿光彩。「晦」的原意為昏暗，「養晦」是說在隱秘的條件下發展自己。最早表述這一謀略思想的應是《易‧明夷》，

其中講到：「利艱貞，晦其明也」，其象辭又作了進一步解釋：「君子以蒞（音立）眾，用晦而明」。「明夷」本義是說，明白前進會受到傷害，比喻人看出自己處於困難危險的環境之中，所以，以內明外晦之計自處有利。《易‧蒙》卦象辭中還有一句話，叫作「蒙以養正」，意思是以蒙昧的外表修養自己內在的正氣，意思與「用晦而明」基本相同。把這兩句放在一塊兒，「蒙以養正」，「用晦而明」，是一副很不錯的對聯。另外，《老子》的知雄守雌、柔弱勝剛強之論實際上講的也是韜晦之計。《六韜》、《三略》講這方面的內容尤為豐富。中國歷代王朝的統一者們在起事之前和初期一般都在實踐中使用過這一謀略。

《易經》中多處講到韜光養晦的內容，應與周文王的事蹟有關。據史書記載，周文王為推翻商王朝的統治，一方面廣修德政，用「篤仁、敬老、慈少、禮下賢者，日中不暇食以待士」的態度和政策羅致人才，收攬民心，發展經濟；一面向商紂王貢獻美女、駿馬和其他奇珍異寶，既討其歡心，又喪其心志；向紂王獻洛西之地以表忠心；興土木「列侍女，撞鐘擊鼓」，以表示自己貪圖安樂，胸無大志，使商紂王對他放鬆警惕。周族勢力因此得以乘機發展壯大，最後終於將商朝滅掉。歷史上有文王演《周易》之說，所以書中多有他的切身體會應是不奇怪的。

需要指出的是，「假癡」不是真癡，韜光養晦不是苟且偷生，二者形似而有本質的區別。前者是向上的量和質，後者則是沒落腐朽的表現。春秋時越王勾踐戰敗後臣事吳國，發憤圖強，是韜光養晦；南宋王朝被金朝打敗後，偏安一隅，不思進取，「直把杭州作汴州」，則是苟且偷生。弱者透過韜光養晦轉化為強者，必須充分發揮主觀能動性，否則其前途只能是晦暗無光。

韜晦之計是自己在力量比較弱小、環境又比較險惡的情況下採取的一種保存、發展自己的謀略。在力量強大以後，一般都改用強硬的態度和戰略。這是中國古代的國家統一者們的一個共同特徵。「雲雷屯」的

目的正是為了在時機成熟時猛烈發作，從而達成自己的戰略目的。

這裏特別需要指出的是，在時機不成熟時，由於「癲（輕狂）」而過早地暴露自己的戰略意圖是非常危險的。諸葛亮在「隆中對」中向劉備指出：「曹操已擁有百萬之眾，挾天子而令諸侯，此誠不可與爭鋒。」因此要劉備避開曹操，向西發展。如果當時劉備採取的不是這一戰略，而是非要與曹操「爭鋒」，非要「當頭兒」，那就不是「假癡」，而是真「癲」，其後果就不堪設想了。

「假癡不癲」是弱者戰勝強者必然的戰略選擇

弱者戰勝強者，在戰略上必須要選擇先走韜光養晦之路；否則，就難於存活和發展。中國古代無數用韜晦之策成功奪取天下的例子，就充分證明了這一點。

(1) **劉邦的韜晦之策**。劉邦率軍西入秦都咸陽之後，按照楚懷王原來與諸將的約定，他應做關中王。但當時項羽勢力很大，他聽說劉邦入關的消息之後，暴怒之極，為了不讓劉邦當上關中王，他親率大軍西進，並迅速攻入函谷關。當時項羽有兵四十萬，號稱百萬；劉邦有兵僅十萬，雙方力量眾寡懸殊，所以，劉邦不敢與他正面對抗。項羽入咸陽後，自立為西楚霸王，並分封諸王。其中封劉邦為漢王，把他從關中這塊寶地上趕到了巴蜀、漢中偏遠之地。同時封秦朝降將章邯、董翳（音益）、司馬欣為王，三分關中，以防備和遏

漢光武帝劉秀像

制劉邦東出爭奪天下。劉邦在這種形勢下，聽從張良等謀臣的建議，行韜晦之計，「乖乖」地進入漢中，為表示自己無東出之意，還燒毀了褒斜棧道，但暗中卻採用韓信「決策東向，爭權天下」的戰略方針，積極做東出的準備。這無疑是典型的韜光養晦以求發展的戰略決策。

明太祖朱元璋像

(2) **劉秀的韜晦之行**。劉秀與其兄劉縯（音演）參加綠林起義軍，並成功地指揮了昆陽（今河南葉縣）大戰。後來綠林軍攻入長安，新莽政權垮臺。劉氏兄弟因功遭忌，劉縯被綠林軍首領更始帝劉玄所殺。劉秀處境也很危險，在這種情況下他去拜見劉玄，深引己過，「未嘗自伐（自誇）昆陽之功，又不敢為伯升（劉縯字）服喪，飲食言笑如平常」，但在夜中卻常暗暗飲泣，淚濕枕巾。由於他忍辱負重，委曲求全，因此重新獲得劉玄等人的信任，於更始元年（二十三年）被派往河北去招撫諸州郡。他這才如虎歸山，重新獲得了發展壯大自己的機會。

(3) **朱元璋、努爾哈赤的韜晦之略**。元末，天下大亂，群雄割據，許多首領都迫不及待地紛紛稱帝。唯獨朱元璋實行「高築牆，廣積糧，緩稱王」的戰略方針，繼續尊奉小明王韓林兒為領袖，使用他的龍鳳年號，因而較好地隱藏了自己的戰略目的，為經營以金陵（今南京）為中心的根據地創造了有利的戰略環境。另外，生活在中國北方的蒙古族乞顏部首領鐵木真對金朝，滿族首領努爾哈赤對明廷，也都分別使用過韜晦之計。努爾哈赤的祖父和父親被明朝所殺，他仍接受明廷的任命，對明朝表面服從，甚至與遼東明將盟誓刻碑，「與大明國昭告天地以通和

好」，使明廷放鬆對自己的戒備，以便集中力量統一女真各部。明廷果然對他放鬆警惕，還先後封他為左部督和龍虎將軍，在其統一女真各部時，基本沒有進行武裝干涉。只是到了後期，明廷發現努爾哈赤可能對自己構成威脅時，才由支持努爾哈赤、打擊葉赫，改為保護葉赫、遏制努爾哈赤，但為時已晚。努爾哈赤在統一女真各部，其軍事實力已相當強大後，遂於萬曆四十四年（一六一六年）建立後金政權，到萬曆四十六年，就發布「害我祖、父」等七大恨，向明朝正式宣戰。

「假癡不癲」之計廣泛用於戰役戰鬥

在戰役戰鬥層面上運用「假癡不癲」之計的例子就更多了。如戰國時趙國鎮守北部邊疆的名將李牧面對強大匈奴的侵掠，採取了以長城為屏障、以守制敵、蓄勢示弱、伺機重創敵人的方針，在時機不成熟時，不與敵人交鋒，任憑趙王一再催逼，甚至「撤職查辦」，也不為之所動，只是一心提高士兵的待遇，進行嚴格的騎射訓練，加強烽火管理，多向敵營內派遣間諜等。當時機成熟時，他集中兵力，給匈奴以重創，一戰就斬獲其十多萬騎。此後十多年，匈奴不敢到趙國邊城騷擾。另如秦國老將王翦大破楚軍之役，也採取了蓄勢待時、避銳擊惰之法，在秦軍士氣低落時，無論楚軍怎樣挑戰，他就是閉門不出。等到秦軍將士恢復了信心和體力、而楚軍鬆懈麻痹之時，他才以重兵出擊，給楚軍以殲滅性打擊，斬殺其主將項燕，俘虜楚王負芻，進而南征百越，使之都併入了秦國的版圖。而趙將趙括在未可與秦軍交戰時，輕率出擊，致遭長平之敗，則是「癲」的表現。《孫子兵法·計篇》總結的「能而示之不能，用而示之不用」，「卑而驕之，佚而勞之」等，都是「假癡」謀略。

此計也常用於政治、外交、商戰等領域。如三國時，司馬懿與曹爽受魏明帝遺詔，共同輔佐太子曹芳。司馬懿與曹爽為爭權奪利而明爭暗

鬥，司馬懿老謀深算，裝出一副昏聵無用、病入膏肓、不久於人世的樣子，以麻痺曹爽，曹爽果然對他放鬆警惕。司馬懿乘機將他及其黨徒一舉除掉，從此開始獨擅朝政。史達林、邱吉爾在外交談判時，有時以「裝聾作啞」為手段與對手周旋；或假作沒有聽見對方的說話，馬虎過去；或「王顧左右而言他」，迴避要害問題等。「假癡」常常成為他們在外交鬥爭中令對手深感頭疼的防衛武器。

閒言宗聖與用武若道神三國英雄士四
朝經濟臣走兵驅帶釣養子得麒麈譜
喜常稱家能起天地春
　　　吳賴衛之

司馬懿像

【按】假作不知而實知；假作不為而實不可為，或將有所為。司馬懿之假病昏以誅曹爽；受巾幗，假請命，以老蜀兵，所以成功。姜維九伐中原，明知不可為而妄為之，則似癲矣，所以破滅。兵書曰：「故善戰者之勝也，無智名，無勇功。」當其機未發時，靜屯似癡。若假癲，則不但露機，且亂動而群疑。故假癡者勝，假癲者敗。或曰：「假癡可以對敵，並可以用兵。」宋代，南俗尚鬼。狄武襄（青）征儂智高時，大兵始出桂林之南，因佯祝曰：「勝負無以為據。乃取百錢自持，與神約：果大捷，則投此錢盡錢面也。」左右諫止：「倘不如意，恐沮師。」武襄不聽，萬眾方聳視，已而揮手一擲，百錢皆面。於是舉手歡呼，聲震林野。武襄也大喜，顧左右：「取百釘來。」即隨錢疏密，布地而帖釘之，加以青紗籠護，手自封焉。曰：「俟凱旋，當酬神取錢。」其後平邕州還師，如言取錢，幕府士大夫共視，乃兩面錢也。

【按語今譯】假裝不知而實際明白；假裝不做而實際是不能做，或正準備去做。三國時，司馬懿裝作病重，從而誅殺了曹爽；他不被諸葛亮的激將法所動，收下了諸葛亮送來的婦女頭巾、髮飾，又上表假裝請

戰，從而穩住了自己的部隊，以使蜀國師老兵疲，因此獲得成功。姜維九次率兵攻伐中原，明知不可能成功還偏要那樣做，就近似愚蠢了，所以最終失敗。《孫子兵法‧形篇》說：「善於打仗的人打了勝仗，既不顯揚智謀與名聲，又不炫耀勇敢與武功。」當時機尚未成熟時，應沉著靜候，不露聲色，就像個呆子。如果憑藉瘋癲，則不但會洩露機關，而且會因其胡亂行動而引起部眾的疑惑。所以，裝作糊塗呆笨而不動的人可能取勝，而憑藉瘋癲並妄動的人會失敗。有人說：「假裝糊塗呆笨可以用來對付敵人，也可以用來指揮自己的部隊。」宋時，南方民眾迷信鬼神。狄青率兵征討儂智高，大軍一出桂林之南，他就假作祈禱說：「勝負如何沒有可作依據的。我現在就拿來一百枚銅錢，與神靈相約：如果能大獲全勝，則撒出去的銅錢都正面朝上。」左右的人都勸阻說：「倘若不能如願，恐怕會打擊軍隊的鬥志。」狄青不聽。眾人正抬頭仰視時，他揮手將錢一撒，落在地上的一百枚銅錢，竟然全部正面朝上。於是眾人都歡呼雀躍，聲音震動了森林曠野。狄青也非常高興，對左右隨從說：「取一百顆釘子來。」讓他們用釘子把銅錢就地釘住，再用黑紗布蓋起來，並親手把它封好，說：「待打勝仗回來，再酬謝神靈，收取銅錢。」平定邕州後，部隊返回，幕僚們像原來所約定的那樣祭神收取銅錢，發現原來這一百枚錢兩面都是正面的圖案。

第二十八計
上屋抽梯

計文

假之以便，唆之使前，斷其援應，陷之死地。遇毒，位
不當也。

今譯

用便利誘導士兵前往，爾後斷絕對他們的救援和策應，使之陷
入死地。這就是《易・噬嗑》卦說的，吃苦惡之物，是因為處境不
當而不得不然。

「上屋抽梯」是古人進行戰場動員的一種手段

「上屋抽梯」是對「置之死地而後生」思想的形象表述

「上屋抽梯」這一成語大概本之於《孫子兵法・九地篇》中的「登高而去其梯」。用以比喻將士兵誘派到戰場後，斷絕其退路，使他為求生而拼死與敵搏鬥，以期取得戰場上的勝利，它是對孫子「置之死地而後生」思想的形象表述。

此計正文中說：「假之以便，唆之使前，斷其援應，陷之死地。遇毒，位不當也。」用現在的話說，是用便利誘導部下，鼓動他們前進，然後斷絕對他們的救援和策應，將其陷入死地。這就是《易・噬嗑（音世合）》卦中象辭所說的「遇毒，位不當」。

「遇毒，位不當」這句話不太好理解，需要在此作些解釋。該卦卦辭說：「噬臘肉，遇毒，小吝，無咎。」象辭所說「遇毒，位不當」的意思是，臘肉有毒，吃有毒的東西無疑不當，但只有吃臘肉，即只有透過這種「不當」，人才能獲得營養和美味。用以比喻將士兵陷之死地，絕其退路，是小毒而大益，看似將其放置的地位不當，但卻不得不然，因為只有這樣，士兵才能取得勝利，獲得生存。這就是《孫子兵法・九地篇》所說的「投之亡地然後存，陷之死地而後生」；《吳子・治兵》中說的「必死則生，幸生則死」。

有人說，此計講的是對敵鬥爭的謀略。如果是這樣的話，那就與第二十二計「關門捉賊」的內容重覆了。對敵鬥爭雖也可借鑒此計，但它主要還是講戰時內部動員問題。

近代以來，西方一些帝國主義國家侵略中國，常常是幾千甚至幾百人就可打敗清軍數萬人，後人總結其基本教訓，一是清政府腐敗，二是

敵人船堅炮利。這無疑是對的。但從軍事心理學角度看，還有一條，就是敵人是遠道而來的入侵者，清軍是在本國作戰的抵抗者，按照孫子的觀點，軍隊「深入則專（深入敵境，沒有退路，故軍士一心死戰）」，「散地則無戰（在本國作戰的士兵容易逃散，故不宜作戰）」。這恐怕也是清軍打敗仗的一條原因。

「上屋抽梯」的目的是以「死」求「生」

「上屋抽梯」的思想和實踐在中國很早就出現了，其目的是以「死」求「勝」，以「死」求「生」。

(1) **孟明視「濟河焚舟」**。據《左傳》記載，在西元前六二四年，秦穆公任用孟明視攻打晉國時，就採取了「濟河焚舟」的做法，即在軍隊渡過黃河後，將渡船燒掉，表示有進無退的決心。在此之前，孟明視曾兩次率兵攻打晉國，都遭到了失敗，其中在西元前六二七年崤山（在今河南陝縣東南）之役中遭到重創，孟明視等主將都當了晉軍的俘虜，後被晉人放了回來。孟明視雖然兩次失敗，但秦穆公仍然重用他。於是孟明視發憤圖強，「增修國政，重施於民」，決心報那兩敗之仇。所以，秦軍這次攻晉，將士本來就同仇敵愾，有很強的戰鬥力；再加上他採用了「濟河焚舟」、斷絕退路的做法，更使秦軍銳不可擋，因此晉人不敢迎敵，秦軍輕易就攻取了晉國的王官和郊兩個地方，並舉行儀式封識以前在崤之戰中戰死的秦軍將士遺骨，然後凱旋而歸。從此，秦穆公稱霸一方。

西楚霸王項羽畫像

(2) **項羽「破釜沉舟」**。秦朝末年，章邯打敗項梁後，揮兵擊趙，將趙軍包圍在巨鹿（在今河北平鄉西南）。項羽為解巨鹿之圍，先命英布和蒲將軍率兵二萬渡過漳水，截斷秦軍的糧道；然後親率大軍渡河。過河後，項羽命令把所有的渡船都扔入河中，將做飯用的鍋瓢等炊具全部砸爛，將河岸上的房屋也都燒掉，士兵每人只帶三天用的乾糧，以表示此戰只有一往無前，再無退路。這就是後人常說的「破釜沉舟」。項羽包圍秦軍後，雙方打了九仗，楚軍每戰無不以一當十，因而大敗秦軍。到這年的七月，終於迫使章邯叛秦來降。

(3) **韓信「背水為陣」**。韓信的破趙之戰則採用了與項羽不同的另一種方式，這就是明抽梯，暗搭橋。此戰又稱井陘（音刑）之戰。當時趙王歇、代王陳餘在井陘口（今河北獲鹿西土門）率兵號稱二十萬

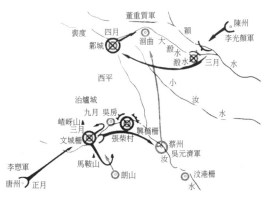

李愬奇襲蔡州示意圖

與漢將韓信對陣。韓信看到敵眾己寡，而且自己所率漢軍大都未經過嚴格訓練，按常規打法必然失敗，於是決定採用反常規戰法取勝。他先於深夜派輕騎兵每人手持一面赤色旗幟埋伏於抱犢山（今獲鹿西北），命令他們在趙軍大部隊離開營壘後，即迅速攻入趙營，到處插上這些旗幟。第二天，他命令其餘漢軍背井陘水（又稱鹿泉水，今已淹沒）列陣，並用佯敗之法將趙軍全部引出營壘。漢軍退至井陘水後，因後面再無退路，於是拼死與趙軍搏殺。預先埋伏在趙營附近的漢軍騎兵乘虛殺入趙營，在營中遍插漢軍的赤旗。在井陘水與漢軍激戰的趙軍看見自己的老窩被漢軍端了，頓時大亂，漢軍前後夾擊，一舉殲滅趙軍，斬殺陳

餘，俘虜趙歇，韓信大獲全勝。

(4) **李愬先使士卒「上屋」**。從此計正文看，為達將士卒「置之死地」的目的，作者非常強調首先讓他們「上屋」這一步。沒有這一步，就沒有下一步「抽梯」，也就達不到令將士死戰的目的。此計提出使部屬「上屋」的辦法是「假之以便，唆之使前」。使用此法者，大有人在。如唐將李愬（音訴）雪夜下蔡州（今河南汝南）平淮西藩鎮吳元濟，即是如此。他針對將士有畏敵怯戰之心的情況，在一個大雪天裏，傳命部隊向東進發，而不向任何人透露行動目的，連監軍也被蒙在鼓裏。直到部隊行到半路奪佔張柴村後，才宣布：「入蔡州取吳元濟！」眾將聽後，大驚失色，監軍竟然嚇得哭了起來，說是中了李佑（李愬心腹）的奸計。但事已至此，已經沒有了退路，大家又畏懼李愬軍令嚴明，不敢違抗，只好冒著風雪向東前進。吳元濟以為李愬不會在這樣惡劣的天氣中前來攻打自己，因而放鬆了戒備。李愬因此一舉攻克蔡州，活捉吳元濟，平定了這片被割據三十多年的淮西土地。

戰場動員絕不只「上屋抽梯」

「上屋抽梯」並不是在什麼情況下都可運用的靈丹妙藥，指揮員必須善於根據戰場環境特點、敵我軍事情況等，與其他謀略結合起來靈活使用，才可能奏效。如韓信將背水為陣與襲敵營壘、前後夾擊等謀略結合使用，即是如此。否則，那自己真可能會「上屋抽梯」後就下不來了。另外，「上屋抽梯」含有「誘騙」下級的味道，甚不足取。其實，使將士以必死之心取勝的辦法遠不至此，這裏的關鍵是看戰場動員是否有力。戰場動員有力，士兵會自動「抽梯」。綜觀中國古代戰場動員的方法，可概括為如下幾種：

一是針對人們大都愛國的心理特點，激勵部下的忠勇精神，使之死戰。如唐朝河南節度副使張巡守睢陽（今河南商丘），即以強烈的愛國

熱情激勵將士，使全城將士在極為殘酷的環境中堅持與敵人作戰，無一人投降。明將史可法守揚州，在軍心動搖的情況下，他集合全體官兵，曉以愛國大義，提出「上陣不利，守城；守城不利，巷戰；巷戰不利，短接；短接不利，自盡」的號召，展開了氣壯山河的揚州保衛戰。

二是針對人們求生喜勝的心理特點，進行必死則生的訓練教育，激勵部下不怕死的精神。明將戚繼光就對將士經常進行這樣的教育，使士卒自覺地在作戰中以必死之心求生，收到了較好的效果。《練兵實紀》卷九載有他教育士兵的訓詞說：「故凡血氣之類，莫不愛生畏死……爾將士之情，臨陣只思退縮，乃見陣上殺傷，想說就一個死，焉知不到我？指望退縮的必生。殊不知，動了腳，個個都死。若同心力戰，我勝過他，務使他退縮，我如何得死？」經常開展這樣的教育，無疑是戚家軍戰鬥力強的一個重要原因。

三是針對「上之所為，人之所瞻」（《便宜十六策‧教令》）的心理特點，以自己的積極言行鼓舞部下死戰。如東漢名將吳漢每逢戰陣不利、人多惶懼、失其常度時，他卻「意氣自若」，「整厲器械，激揚士吏」，劉秀誇讚他「差強人意，隱若一敵國」。宋將劉錡守順昌（今安徽阜陽），在金兵未到之前，讓人把自己的家眷搬到城內廟中，門前堆滿乾柴，說：「如果戰事不利，你們就放火把他們燒死，不要讓他們落入敵手遭受侮辱！」守城將士看到主將如此，備受感動，決心為國家破敵立功，終於取得了順昌之戰的勝利。

四是針對部下「相望以威」（《將苑‧勝敗》）的心理特點，壯軍威，使之堅定必勝的信心。古人認為，軍隊「勝在得威，敗在失氣」，因此，必須在任何情況下都要營造必勝的氛圍，而不可使部隊丟掉信心。漢將軍李廣率四千騎兵出右北平，被匈奴左賢王的四萬騎兵所包圍，漢軍將士都很害怕。李廣為壯軍威，派自己的兒子李敢帶數十騎直衝敵陣，從其左翼一直打到右翼，匈奴兵不敢迎戰。李敢回來向李廣報

告說：「匈奴兵好對付！」漢軍頓時增強了必勝的信心。三國時，吳將留贊臨陣必先披髮仰天長嘯，並引吭高歌，身邊將士一齊回應，然後才率領軍隊出戰，戰無不克。這些無疑都是壯己軍威、震懾敵膽的心理戰術。

五是針對人們「不得已則戰」（《孫子兵法・九地篇》）的心理特點，主動斷絕退路，令將士死戰。這種戰場鼓動方法無論進攻，還是退守，都可使用。如宋將韓世忠追擊叛將李復時，兵不滿千人，他將其分為四隊，追擊時，命令各隊都在隊伍後面拋撒鐵蒺藜，自塞歸路。他對將士們說：「進則勝，退則死！」於是將士全都死戰，得以大破敵軍。清康熙時，吳三桂大將胡國柱乘勝率二萬人追擊清軍，清軍副將殷化行率二千人殿後，他把將士召集起來進行鼓勵說：「今日之事，以必死求生則生，以幸生求生則死」，「唯有據險待敵，猶兩鼠鬥於穴中，力大者勝耳」。於是士卒都拼死戰鬥，使清軍得以全軍而還。

「上屋抽梯」的原理對企業經營管理也有借鑒價值。有些企業之所以不能調動廣大員工的積極性，一個重要原因就是，企業經營不好，人們照樣有「梯子」下，即照樣有工資拿。有了這樣的「鐵飯碗」，員工就缺少危機感、責任感和進取心。做好做壞一個樣，甚至做好的不如不做的，那還有誰去努力做呢？一旦抽掉了這個「梯子」，打掉了這個「鐵飯碗」，將他們真正推向市場，他們的積極性就會被調動起來。孫子說：「安則靜，危則動。」一潭死水不會催人奮進；只有危機感才會使人產生動力，啟動他們的創造性思維，打掉他們身上的懶惰，使企業煥發出青春活力。

【按】唆者，利使之也。利使之而不先為之便，或猶且不行。故抽梯之局，須先置梯，或示之以梯。

【按語今譯】唆使別人做某種對他自己不利的事情時，必須使他看

到確有某種利益可圖。但有時即使用利益驅使他而不先給他提供便利條件，有的仍不會做。所以要能造成「抽梯」的局勢，必須先給人設置「梯子」，或者把梯子指示給他看。

第二十九計
樹上開花

計文

借局布勢，力小勢大。鴻漸於陸，其羽可用為儀也。

今譯

借助已有的局面，布署自己的勢力，這樣，雖然自己兵力弱小，但仍可形成強大的威勢。這就是《易·漸》卦裏所說的：鴻雁離地高飛，是因為它借助了羽毛的力量。

「樹上開花」是關於憑藉的謀略藝術

「樹上開花」的本意是借已有之樹，開自己之花。也可表達為借他人之雞，下自己之蛋。此計的謀略要旨是憑藉已有的客觀條件達成自己的目的。

此計與「借刀殺人」都屬憑藉謀略，但二者有很大的不同。「借刀殺人」主要講的是對敵鬥爭問題；「樹上開花」則偏重於講憑藉客觀態勢發展壯大自己。「借刀殺人」是一種進攻性謀略，「樹上開花」則偏重於講憑藉謀略的一般哲理，意在自己「開花」，而不一定要去「殺人」。此計正文所說「借局布勢，力小勢大。鴻漸於陸，其羽可用為儀也」，就清楚地表達了這一點。《三十六計》的編者將「借刀殺人」放在「勝戰計」中，而將「樹上開花」放在「併戰計」中，這應是其中的重要原因。

憑藉思想在中國源遠流長

中國古代的憑藉思想，以孫子和縱橫家在這方面的論述最為典型。

(1) **孫子的憑藉思想**。《孫子兵法·勢篇》中比較早地講到了憑藉謀略，這從作者對「勢」所作的三個比喻中即可看出。一是「如轉圓石於千仞之山者，勢也」，講的是借助於軍隊的質量、位差、速度而形成的強大的正面打擊力實施攻擊。二是「激水之疾，至於漂石者，勢也」，講的是借助於伴隨著軍隊強大的正面衝擊力而形成的外張力達成自己的軍事目的（如「進攻一條線，佔領一大片」，「附近州縣望風而降」等）；三是「彍（音擴）弩，勢也」。《孫臏兵法·勢備》中解釋這句話說：「何以知弓弩之為勢也？發於肩膺之間，殺人百步之外，不知其所道至。故曰，弩，勢也。」意思是說，箭從人臂膀上的弓弩中發出，飛到百步之外去「殺人」，是什麼東西在起作用呢？是借用了弓弩

拉開時所產生的反彈力。孫子的「任勢」思想講的就是如何運用力量、因勢施謀、借勢成事，它不但包括如何正確運用自己的力量，也包括如何巧妙地利用客觀矛

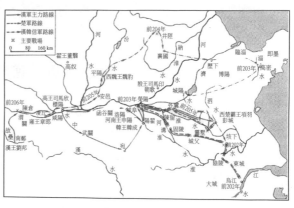

楚漢相爭示意圖

盾產生的力量。如，利用敵人內部矛盾以敵制敵，利用敵人怠惰勞困發起攻擊；因實虛之，因虛實之；因正用奇，因奇用正；將計就計，借間反間；因天時，借地利，用人事等等，都屬因借謀略。

(2) **縱橫家們的憑藉謀略**。戰國時的縱橫家們已將因借謀略運用到了出神入化的程度。蘇秦認為，「權借」是「萬物之率」，「時勢」是「百事之長」。意思是說，善於憑藉時勢施行謀略是世界上頭等重要的事情，掌握了這一奧秘，就可制定出各種高明的對策。這些縱橫家們說：膠漆夠黏的吧，但它自己不能把相隔很遠的東西黏合在一起，而必須借助於外界的力量；羽毛，夠輕的吧，但它自己不能把自己舉起來，而只有借助於輕風才可能飄行四海。其結論是「事有簡而功成者，因也」。意思是說，事情有用小力而獲成功的，這就是「因」。所謂「因」，就是憑藉。他們還認為，聖人不能「為時」，只不過他們能夠「不失時」。舜雖然賢達，但他沒遇到堯，也不能成為「天子」；湯、武雖然有德能，但他們沒遇到桀、紂，也不能成為王。舜遇上堯是一種「時」，是順時；湯、武遇上桀紂也是一種「時」，是逆時。不同的「時」必須採取不同的對策（一是「順勢」，一是「逆勢」），但「不失時」則是相同的。他們還說，聰明的商人不與人爭論某件貨物的價錢，而是把注意力

放在貨物價格的走勢上，「時賤而買，雖貴已賤矣；時貴而賣，雖賤已貴矣」。這些都包含著對時勢的因借思想。

古今中外的英雄豪傑無不善於憑藉

(1) **中國古代英雄都善借樹「開花」**。縱觀中國古代完成統一大業的英雄豪傑們，他們沒有一個不是憑藉時勢謀劃、制定和實施謀略的。劉邦借陳勝、吳廣起義造成的時勢和項羽的力量發展壯大自己，並建立漢朝，沒有這樣的時勢，造就不了劉邦這個歷史人物，所以，劉邦建國後對已死的項羽和陳勝待遇還是滿不錯的。劉秀乘王莽新朝大亂之際起兵，憑藉農民起義軍的力量成就了帝業。李淵、朱元璋等，亦無不如此。蒙古、滿族統治者憑藉漢人的力量都曾分別完成了對中國的統一和統治，他們本族人數少，力量小，但正如此計所說的，他們善於借樹「開花」，做到了「因局布勢，力小勢大」，才取得了成功。

(2) **美國在阿富汗戰爭中「因局布勢」**。在現代戰爭中，也需要運用因借之謀。有資料統計，在阿富汗戰爭前，美國總統布希為尋求國際支持，借助各國力量，曾在一百天內，至少會見了五十一個國家的領導人，爭取到了一百九十多個國家、地區和四十多個國際組織的支持，其中有一百四十二個國家和地區凍結了涉嫌恐怖份子的財產，爭取到了八十九個國家和地區授予美國飛機飛越領空的權利，七十六個國家同意美國飛機在其國內著陸，二十三個國家同意美國軍隊在其國土上駐紮。至於美軍憑藉阿富汗北方聯盟攻打塔利班政權和「基地」組織，則更是一種以阿制阿、借力打人的行為。正是由於美國爭取到了這麼多的「借用」的力量，才使美軍在阿富汗的軍事行動得以順利進行。

(3) **美國蘭德公司設計的「三角戰略」**。當今世界，任何人都不是孤立的人，任何國家都不是孤立的國家，你不利用別人，別人也會利用你；你不打別人的「牌」，別人也會打你的「牌」。誰的「牌」打得好，

誰最終得的分多，這就看決策者的運籌能力如何了。二十世紀末，世界上出現了中、美、蘇大三角戰略格局。一九八三年五月，美國蘭德公司專門召開了一次「如何處理戰略三角關係」的討論會，與會者從美國利益出發，提出了一些「借用」

珍珠港事件中「亞利桑那號」戰列艦遭日軍轟炸機猛烈轟炸

策略，如，使對方兩角交惡，以蘇壓中，以中抗蘇；對蘇打「中國牌」，對中打「蘇聯牌」，自己始終處於「左右逢源」的地位；打破非「友」即「敵」的思維方式，採縱橫捭闔的外交政策，企圖使中、蘇等國形成「爭相事美」的戰略態勢等。美國政府後來在國際鬥爭中基本上都採取這種「左右逢源」的戰略，有些並取得了成效。

(4) **美國兩次借「害」成「利」**。需要說明的是，實施因借策略並非一定要憑藉有利的因素，有些不利的因素也可利用，達成自己的戰略目的，這就是我們常說的「變壞事為好事」。比如，第二次世界大戰期間，日本於一九四一年十二月七日偷襲了珍珠港美軍基地，日軍以損失二十九架飛機、六艘潛艇的微小代價，擊毀擊傷美軍八艘戰列艦和十多艘其他艦船，擊毀美軍飛機二百三十二架，打死打傷美軍四千五百餘人，使美國太平洋艦隊遭到重創，日軍一度掌握了太平洋地區的制空權和制海權。這對日本來說，雖是戰役上的勝利，但卻是戰略上的致命失敗。對美國人來說，這是一場天上飛來的橫禍，但也是一個重大的戰略轉機。美國總統羅斯福正是憑藉這一事件，對美國人進行了最有力的戰爭動員，使一直對戰爭持觀望態度的美國，在第二天下午四時十分就正式對日宣戰，許多國家如英國、加拿大、澳大利亞等國也紛紛加入了這

一宣戰行列，從而加速了這場戰爭的結束。事情過去了將近六十年，到了二〇〇一年九月十一日，恐怖份子劫持美國飛機撞擊美國世貿大廈和美國國防部五角大樓，也給美國造成了重大損失，美國決策層以和羅斯福同樣的思維方式，借此動員全國人民乃至世界上很多國家和地區投入了這場反恐戰爭，反而為他們贏得了勝利和榮譽。

將憑藉謀略用於內部管理

憑藉手段不僅在對敵鬥爭中常被運用，在內部管理上也屢見不鮮。比如，古人在治國理軍用寬還是用嚴的問題上，就主張二者相因相革，相得益彰，這其中就貫穿著因借思想。

凡去過成都武侯祠的人，都會看到這樣一副對聯：「能攻心則反側自消從古用兵非好戰，不審勢即寬嚴皆誤後來治蜀要深思。」其中下聯包含了這樣一段故事：諸葛亮入蜀後，在立法寬嚴問題上曾和法政進行過一場辯論。法政認為，漢高祖劉邦入關後對下實行寬的政策，「秦民知德」，從而取得了老百姓的支持。因此，希望諸葛亮也像漢高祖那樣，治國要實行寬。諸

漢高祖劉邦像

葛亮不同意，他認為，實行寬還是實行嚴，應根據當時的情況而定，不能墨守前人成功的經驗。秦朝敗亡，政失之於嚴，所以漢高祖才濟之以寬；現在的情況和那時不同了，「德政不舉，威刑不肅」，「君臣之道，漸以陵替」，是政失之於寬。在這樣的情況下，「寵之以位，位極則賤；順之以恩，恩竭則慢」，只會致弊，難以圖治，只有「威之以

法，法行則知恩，限之以爵，爵加則知榮」。因此，他堅決地實行了以嚴為主政策，於是，蜀漢出現「善政」。下聯就是用這個故事告誡人們：在一個時期內，治國是以寬為主，還是以嚴為主，必須從實際情況出發；脫離實際的寬和脫離實際的嚴一樣，都是不對的。剔除封建統治階級賦予「嚴」政苛刑酷、橫徵暴斂的內容，單講寬與嚴的辯證關係及其應用，這個看法無疑很有見地。

西魏大臣蘇綽改革財政制度，其法甚重，他曾很感慨地說：「今所為者，正如張弓，非平世法也，後之君子，誰能弛乎？」這話被他的兒子蘇威聽到了，他就記在心裏。後來，蘇威在隋朝當了大官，「奏減賦役，務從輕典」，果然很有政績。蘇威是個聰明人，表面看來，他是反其父之道而行之（一個嚴，一個寬），實則是真正繼承了其父的遺願。但話又說回來，沒有蘇綽的嚴，就顯不出蘇威的寬；沒有嚴做比較，即使政策再寬，人們也不會覺得寬的。這裏的關鍵要看管理者是否懂得憑藉的藝術。

孔子說：「寬以濟猛，猛以濟寬，政是以和，」要從實際出發。就必須要寬嚴相濟。比如，我們目前在放寬政策的同時，嚴厲打擊經濟領域裏的犯罪活動等，即屬於以嚴輔寬，沒有這個嚴，寬就得不到保證。再如，在領導層級內部之間，上下級之間也要寬嚴相濟，沒有「唱黑臉」的，「紅臉」也大都唱不好，工作也難以完成。政策從總體上放寬，並不意味著各個單位就可以不從本單位實際情況出發了，如果某個單位的工作已失之於寬，那裏的領導者還在講要寬不要嚴，那就是不對的了。

總之實行寬還是嚴，只能因勢而定，並善於借樹開花，這樣，才會順應時勢，開創出新的局面。

【按】此樹本無花，而樹則可以有花。剪彩黏之，不細察者不易覺。使花與樹交相輝映，而成玲瓏全局也。此蓋布精兵於友軍之陣，完

其勢以威敵也。

【按語今譯】這棵樹本來是不開花的，但也可以讓它有花。用彩紙彩綢剪成假花黏在樹枝上，不仔細觀察，是不容易發覺花是假的。使假花與真樹交相輝映，就可使之成為一個精巧的既有樹又有花的整體。這就是把自己的精兵布置於友軍陣上，使其態勢更加完整強大，藉以威懾敵人。

第三十計
反客為主

乘隙插足,扼其主機。漸之進也。

　　看準機會插足進去,掌握機關要害,爭得主動。這就是《易・漸》卦所說的循序漸進,就可成功。

「反客為主」是關於變被動為主動的謀略

主動權是揚長避短的「倍增器」

古漢語中的「主客」有多種含義，如主人、客人，主人、僕人，守方、攻方，主動、被動等。「反客為主」這個成語的意思是變客人為主人，比喻變被動為主動。此計正文說：「乘隙插足，扼其主機。漸之進也。」意思是說，抓住機會插足進去，掌握要害，爭取主動。這就是《易•漸》卦中象辭所說的循序漸進，可以成功，也是講如何變被動為主動的問題。

主動權問題是直接關係到戰爭勝負的大問題，所以，歷來為政治家、軍事家、兵學家所重視。《孫子兵法•虛實篇》中說「善戰者，致人而不致於人」。意思是說，善於打仗的人，能夠控制、調動敵人，而不被敵人所控制和調動，講的就是掌握戰爭主動權的問題。《鬼谷子•謀篇》說：「事貴制人，而不貴見制於人。制人者，握權也；見制於人者，制命也。」認為，能夠控制、調動人的人，是因為他掌握了主動權；被人控制、調動的人，則是因為被人控制了自己的命脈。《李靖問對》卷中載唐太宗的話說，兵法「千章萬句，不出乎『致人而不致於人』而已」，則是抓住了兵法的要旨。這些論述都說明了掌握戰爭主動權的極端重要性。戰爭是智與力的較量，誰掌握了主動權，誰就可以充分發揮自己的長處，即使短處也常常可以掩蓋或轉化為長處；同時壓制對方的長處，使我、敵之間的優劣差距無形中成幾何級數拉大，從而取得勝利。反之，就會被動挨打，遭到失敗。從這個意義上說，主動權是交戰雙方揚長避短的「倍增器」。

「反客為主」就是變被動為主動

處於被動的一方如何變被動為主動，是一個非常重要、非常值得研究的問題，戰略、戰法、戰術等不同層面都可能會碰到這樣的情況。能否完成這種轉化，是衡量決策者智慧高低的根本標誌，也是決定事業成敗的關鍵。

(1) **西漢前期的「反客為主」戰略。**當本國處於弱勢、敵國處於強勢時，高明的決策者一般都要待到自己完成反客為主這一轉變後再與敵較量。西漢惠帝三年（前一九二年），匈奴冒頓單于寫信侮辱呂后，說：「我想到你們中國去，你守寡，我獨居，我們兩人都不快活，我願以我的所有，換你的所無。」呂后看後大怒，親自召集諸大臣商議對策。上將軍樊噲主戰，說：「臣願得十萬眾，橫行匈奴中。」諸大臣大都迎合呂后意圖，贊成樊噲的意見。唯獨中郎將季布激烈反對，他說：「樊噲可斬也！」他分析道，匈奴現在正在強大之時，漢高帝（指劉邦）帶兵四十多萬（一說三十二萬），在平城（治今山西大同東北）都遭到匈奴圍困，險些當了俘虜，你樊噲怎麼能以十萬之眾「橫行匈奴中」！現在國家和民眾所受戰爭創傷尚未痊癒，怎麼再可興兵！樊噲此言，是為邀媚取寵而搖動天下！當時群臣都因季布拂逆了呂后的意圖而為他捏了把汗。呂后果然一怒之下，拂袖而去。但她最後想來想去，還是採納了季布的意見，繼續實行與匈奴和親的政策，這是因為她認識到，當時漢朝尚未強大，而匈奴正處於興盛，時機尚未成熟的緣故。

漢武帝劉徹像

到漢武帝時，形勢發生了很大變化，但在對匈奴的戰和問題上，朝廷仍存在兩種截然不同的意見。如建元六年（前一三五年），匈奴軍臣單于派使者來漢請求和親。漢武帝「下其議」，讓群臣討論怎麼辦。「習胡事」的大行王恢認為，匈奴反覆無信，和親後不幾年就會背約，不如「興兵擊之」。御史大夫韓安國則認為，匈奴「遷徙鳥舉，難得而制」，「今漢行數千里與之爭利，則人馬罷（疲）乏，虜以全制其敝，此危道也，不如和親」。群臣大都附合韓安國的意見。漢武帝看到時機還未成熟，於是允許與匈奴繼續和親。到元光二年（前一三三年）時，漢朝實力大增。有人向漢武帝進獻伏擊匈奴之策。漢武帝又召集大臣商議，韓安國與王恢又展開激烈爭論。這一次，漢武帝採納了王恢的意見，決定出兵打擊匈奴。其謀略是令人獻馬邑（今山西朔州）詐降匈奴，待其主力前來，以伏兵將其圍殲。此役漢軍雖未達成目的，但表明漢對匈奴的戰略方針已由屈辱和親轉向了「欲事滅胡」，從而拉開了對匈奴大規模用兵的序幕。由於漢朝實力強大，準備充分，用將得人，指揮適當，所以在後來征討匈奴的戰爭中，大都較好地掌握了戰場主動權。

(2) **李泌「反客為主」困吐蕃**。唐朝在安史之亂後，國家陷入內外交困的被動局面，特別是外敵不斷入侵，使唐朝疲於應付。如何轉化這種局面，當時的謀臣李泌運用大系統思維的方法提出了解決這一問題的建議。他感知到，處於唐西部邊境的少數民族政權如吐蕃、回紇、南詔、黨項、大食、天竺等，構成了一個既聯合、又鬥爭的大的矛盾系統。李泌認為，對這些周邊勢力不應一概排斥，而應具體分析，並提出了「北和回紇，南通雲南（即南詔）、西結大食、天竺」，以困吐蕃的邊防戰略。經過反覆諫爭，終於使唐德宗採納了這一建議，從而陷吐蕃於孤立，唐西部邊境得到相對穩定，為其積蓄力量，削藩平叛創造了條件，唐這才逐步從被動局面中解脫出來。

「非對稱作戰」中的「反客為主」原理

在現代戰爭理論中，出現了一個新的概念，叫做「非對稱作戰」。這種「非對稱作戰」乃是「反客為主」原理在現代戰爭中應用的一種體現。

據學者論證，「非對稱作戰」概念的出現，源自於二十世紀六、七○年代的游擊戰理論，到了八○年代中期出現了「低強度衝突」概念和非正規戰理論。美國前國防部長科恩在一九九九年《國防報告》中提出了「對非對稱威脅作出反應的能力」的要求。二○○一年一月科恩在告別國防部的講話中把這種「非對稱威脅」界定為「對我們的部隊和我們的公民間接但殺傷力極大的襲擊，這種襲擊並不總是國家進行的，而是個人，甚至是獨立的團體進行的」。二○○一年「九一一」事件的出現，可以說是讓他不幸言中。現任美國總統布希和美國國防部長唐納德·拉姆斯菲爾德也多次講到這一概念。最近，美國國防部給「非對稱作戰」下的定義是「以集中力量攻其弱點來對付敵人的強大」。一個叫麥克爾·克雷彭的人在美國《外交》雜誌上發表文章稱，「非對稱作戰使得力量較弱的對手能以非正統手段彌補其弱勢」。美國二○○一年的報告指出，在現代戰爭中，非對稱威脅主要包括四個方面：資訊戰、核生化武器、彈道導彈和恐怖主義。又有學者撰文指出，在資訊戰中，一方佔有優勢，另一方則可使用隱蔽和欺騙技術建立切斷其資訊連接的「防火牆」，設置「邏輯炸彈」，發動「病毒攻擊」等，使自己變被動為主動。從這些論述看，所謂「非對稱作戰」就是孫子所說的「避實擊虛」、「出奇制勝」，《草廬經略》裏講的「游擊」戰術，《三十六計》中講的「反客為主」。

這裏還有一個發人深思的例證。《美國海軍學會月刊》一九九五年十一月號刊登了一篇題為《中美海軍南沙之戰及中國海軍戰略戰術研究》

的文章。文章假設二〇〇六年中國和美國的海軍在中國的南沙海域發生了海戰。中國海軍用《孫子兵法》原理，作者稱之為「海上游擊戰」，採取的戰術有「避實擊虛」、「出奇制勝」、「以迂為直」等，打敗了用馬漢海權理論武裝的美國海軍。這說明美國海軍也正高度重視對《孫子兵法》中「非對稱作戰」思想的研究，同時也說明了弱者完全可以透過自己的努力「反客為主」，以己之長擊敵之短，從而掌握戰場主動權。

美國五角大樓在「九一一」事件後，對「非對稱作戰」傷透了腦筋，他們絞盡腦汁，終於提出了一個叫做以「不對稱」對付「不對稱」的作戰思想，並在阿富汗戰爭中試用。戰爭開始時，敵對雙方展開了對戰爭主動權的激烈爭奪。塔利班政權和「基地」組織軍事技術落後，但他們在本土作戰，地形熟悉，善於打游擊戰；美軍軍事技術先進，打法正規，但地形不熟，害怕傷亡過多等。所以，戰爭開始後，塔利班政權千方百計想用游擊戰術將美軍拖進這場戰爭的泥沼而使其不能自拔，讓它再走一次前蘇聯入侵阿富汗的老路。而美國則吸取了前蘇聯的教訓，大量使用了技術兵器，以進行「非接觸」式作戰為主，實施遠端轟炸，並利用阿富汗北方聯盟進行地面進攻，讓阿富汗人打阿富汗人，以避免或減少自己部隊的傷亡。由於塔利班政權所進行的恐怖主義活動不得人心，士氣低落，打法落後，未能真正有效地開展非對稱作戰，因而很快失去了主動權，在軍事上遭到了失敗。

「反客為主」在非軍事領域的應用

「反客為主」不僅在戰場上常被應用，而且在官場、商場中也時有聞見。如清朝末年，袁世凱在天津小站訓練了一支「只知有袁宮保，不知有大清朝」的北洋軍隊，其中有些軍官如馮國璋、段祺瑞等，都是他的鐵桿部下，這支軍隊後來成為袁世凱兩次陰謀奪權的得力爪牙。光緒皇帝和慈禧太后相繼死後，由光緒的弟弟醇親王載灃剛剛兩歲的兒子溥

儀繼位，擔任攝政王的載灃出於狹隘的民族心理和個人恩怨，想除掉袁世凱這個「心腹之患」，遭到了張之洞等大臣的反對，就以袁世凱患「足疾」為由將其開缺回家。但武昌起義打響後，載灃又不得已起用袁世凱，領導北洋軍去鎮壓起義軍。袁世凱乘機向清廷提出了六個條件：召開國會；組織責任內閣；開放黨禁；寬容武漢起事者；授予袁世凱前線指揮全權；保證軍餉，供應充足等。清廷走投無路，只得答應了他的條件。袁世凱以此篡奪了清朝皇室的軍政大權，實現了第一個「反客為主」。此後，他又與革命黨人

袁世凱像

進行談判，並達成協定，條件是袁世凱保證清帝退位，中國結束帝制；孫中山辭去大總統職位，以袁世凱繼任新總統。他又以此篡奪了辛亥革命的勝利果實，實現了第二個「反客為主」。只是由於他欲壑難平，利令智昏，執意要復辟帝制，想實行第三個「反客為主」，才導致了這個「竊國大盜」的本來面目在國人面前暴露無疑，最後在一片唾罵聲中死去，只落了個千秋罵名而已。

要「反客為主」，首先就須造勢。人們為了謀求個人進官，同樣也需要造勢。幾千年來，不少的人都是這樣做的。比如，有的偏重於在本單位內部造勢，採取「密切聯繫上司」，大玩「數字出官」，「官出數字」，大力宣傳個人政績，鼓動一些人以「群眾」、「民意」為名為自己說好話等手法，把自己捧「紅」；有的在本單位被上司看不上，就到外面去造勢，如孫子所說，「為之勢以佐其外」，造成「牆裏開花牆外香」的局面，同時讓外單位的人（當然包括上級）向自己單位的上司「吹風」、「遞話」，以提高自己在本單位內部的地位；有的內外兼修，左右

逢源，在單位內部進官快，在外單位自然容易得到承認；在外部有了聲望，又回過頭來提高或鞏固自己在本單位的地位，從而形成一種「良性互動」。李世民實行「治安中國，而四夷自服」，用治安中國去外服「四夷」，用外服「四夷」促進「治安中國」，形成良性互動，取得成功。現在我們有些人把這一謀略用於謀取個人進步，也頗見效益。怪不得老子說：「治大國若烹小鮮」。孰不知，「烹小鮮」亦如「治大國」，這裏的關鍵在於你的「悟」性如何。

【按】為人驅使者為奴，為人尊處者為客；不能立足者為暫客，能立足者為久客；客久而不能主事者為賤客，能主事則可漸握機要，而為主矣。故反客為主之局：第一步須爭客位；第二步須乘隙；第三步須插足；第四步須握機；第五步乃成主。為主，則併人之軍矣。此漸進之陰謀也。

【按語今譯】被主人驅使的是奴隸，受主人禮遇的是客人；不能在主人家立住腳的是暫時的客人，能在主人家立住腳的是長久的客人；長期當客人而不能主事的是下等客人；能夠主事的，就可以逐步掌握其機關要害而成為主人了。所以，反客為主的套路大體是：第一步，必須爭到客人的地位；第二步必須乘虛而入；第三步是插足進去；第四步是抓住重要機關；第五步成為主人。成了主人，當然也就兼併原主人的軍隊了。這是一種循序漸進而達到反客為主的陰謀。

第六套
敗戰計

第三十一計
美人計

計文

兵強者，攻其將；將智者，伐其情。將弱兵頹，其勢自萎。利用禦寇，順相保也。

今譯

對士兵素質高的軍隊，就從其將帥身上尋找突破口；對有智謀的敵將，就設法從情感上腐蝕他。敵人的將帥受到了削弱，軍隊士氣消沉，其戰鬥力自然也就萎靡不振了。這正如《易・漸》卦所說：利用「順從」的策略，駕馭寇仇，就可保全自己。

「美人計」是用美色打敗對手的謀略

「美人計」是用美色腐蝕、拉攏、離間，從而打敗對手的謀略。此計在軍事領域常被運用，非軍事領域亦屢見不鮮。古人多將此計用於對敵鬥爭，但也為了達成某種目的而用於自己人內部。

將「美人計」用於對敵鬥爭

(1)**「美人計」在中國出現得很早**。據說早在夏朝時，少康就曾派女艾到他的對手澆那裏去做間諜，後來少康就依據女艾的情報把澆滅掉了。商朝末年，紂王聽信讒言，將西伯（即後來的周文王）囚禁在羑（音有）里（在今河南湯陰北），西伯的屬下閎夭等不辭千辛萬苦，終於尋求到了一位美賽天仙的有莘氏女孩，另外又搭上數十匹名馬和很多奇珍異寶獻給殷紂王，紂王一看就樂昏了頭，說：「有這一個美人就足以釋放西伯了，何況還有那麼多寶物！」他不但把西伯釋放出來，而且賜給他弓箭斧鉞，使他有征伐其他諸侯的大權。西伯因此得以發展壯大，最後滅亡了商朝。至於春秋時，越王勾踐被吳王夫差打敗後，向吳王進獻美女和其他寶物，從而保住了越國，並最後滅亡了吳國，更是典型的「美人計」故事。

大約成書於戰國時期的中國著名兵書《六韜》，在總結前人實踐經驗的基礎上，將這一謀略寫入了此書中的《文伐》，這就是「進美女淫聲以惑之」。唐朝李筌撰《太白陰經‧術有陰謀篇》中也講到「遺之美女，使熒其志」，「淫之以色，攻之以利，娛之以樂」，講的也是此計。可知此計一直久用不衰。《三十六計》提出「美人計」這一概念，並將其專門列為一計進行論述，實在是無可非議。此計正文中較難懂的是最後一句：「利用禦寇，順相保也。」此句出自《易‧漸》卦象辭，意思是說，在防禦敵人中，運用順從敵人心志的辦法去戰勝它以保全自己，

這樣做有利。此計的作者認為。這是使用美人計的哲學依據。中國兵書中的這些論述，成為後人在實踐中使用此計的指導理論。

(2) **勾踐用「美人計」滅吳**。周敬王二十六年（前四九四年），吳王夫差率兵在夫椒（今太湖中西洞庭山，或說今浙江紹興北）大敗越王勾踐，並將其包圍在紹興南的會（音貴）稽山上。勾踐派大夫文種送給當時掌握吳國大權的正卿伯嚭（音痞）八個盛妝打扮的美女，對他說：「您如果赦免越國，還有比這些更好的美女送給您。」伯嚭於是勸吳王夫差答應勾踐請和的要求。吳國大臣伍子胥堅決反對，他說：「勾踐是賢君，文種、范蠡是良臣，如果將他們放了，將來他們必定會給吳國製造禍亂。到那時我們後悔就晚了！」吳王夫差在伯嚭的鼓動下，最後，還是接受了勾踐的請和，然後領兵回國。勾踐此後臥薪嘗膽，發憤圖強，立志雪恥。據說後來，范蠡在諸暨苧（音住）羅村發現了兩名美女，一名西施，一名鄭旦，就將她們帶進宮來，經過嚴格的訓練後，送

給了吳王夫差。夫差被美色所惑，對西施言聽計從，越國因此得到保護。勾踐在越國逐漸強大之後，一面與當時的強國齊、楚、晉結好，一面極力麻痹吳王夫差，並慫恿他北上爭霸。周敬王三十八年春，吳王夫差果然率全國精兵北上黃池（在今河南封丘南）與晉國爭霸，勾踐乘吳國空虛之際，一舉襲破吳國都城姑蘇（今江蘇蘇州）。到周元王三年（前四七三年）終於把吳國滅掉。據說，范蠡功成後，帶著西施遊五湖，退隱於陶（今山東定陶西北），改姓朱，稱陶朱公，因經商而成大富翁；也有人說西施為報范蠡知遇之恩沉江而死。其結局到底如何，至今還是個謎。

(3) **劉邦用「美人計」逃命**。漢高帝七年（前

西施像

二百年），劉邦被匈奴冒頓單于四十萬騎兵包圍在山西大同附近的白登山，也曾使用過「美人計」，才得以解圍。至於施行這條「美人計」的細節，司馬遷《史記‧匈奴列傳》與東漢桓譚《新論》記載不太一樣。前者說得比較簡單，只是說劉邦派使者用重金去賄賂冒頓單于的閼氏（音煙支，相當於中原王朝的皇后），閼氏於是對冒頓說：「兩國之主不相困，現在即使我們奪佔了漢朝的土地，也不能長久住在那裏。而且漢王又有神明保佑，我們不能殺他。請單于明察。」冒頓單于因害怕投降匈奴的韓王信與漢軍相勾結，就聽了閼氏的話，讓大軍讓出一條通道，放劉邦們出走。《新論》則說，這件事是陳平施用的妙計。劉邦被困後，實在想不出辦法，就派陳平帶金銀財寶賄賂閼氏，這個陳平憑著他對閼氏的了解和他特有的智慧及口才對閼氏說：「我們漢朝有一位傾國傾城的美女，我們大漢皇帝想把這個美女送給單于。如果單于得到這個美女，您一定會失寵的。與其那樣，您還不如事先讓單于把我們大漢皇帝放走，漢朝也就不會把那個美女送來，您就可以永遠得到單于的寵愛了。」閼氏果然聽信了陳平的話，晚上不斷向冒頓耳朵裏吹「枕頭風」，終於使冒頓下決心把劉邦等人放走。這兩種說法不論何說為是，有一點可以肯定，這就是：劉邦白登山脫身，與其使用「美人計」有關。

古人將「美人計」也用於自己人內部

古人不只將「美人計」用於敵人，有時也用於自己人內部。或用於下級，以鞏固自己的統治地位；或用於奉迎上級，以求進取等。

(1) 用「美人計」鞏固自己的統治地位。如清朝的孝莊皇后下嫁多爾袞即是一例。孝莊原是皇太極的皇后，極有心機謀略。而多爾袞則是努爾哈赤的第十四子，皇太極的弟弟，此人智勇超群，以功封和碩睿親王。皇太極死後，被立為順治帝的福臨只有六歲，多爾袞多次流露出篡

權的野心。據說，孝莊皇后為了控制多爾袞，保住自己的兒子福臨的皇位，按照滿族的風俗，就下嫁給多爾袞這位小叔子，對多爾袞起了制約作用。後來他率兵入關，打敗李自成，佔領北京，然後迎順治帝入關，被封為攝政王，他雖權傾朝野，但終未能行篡位之事。清朝統治者入主中原後，受中原傳統文化的影響，史書對孝莊下嫁一事多諱而不言，

清太宗后（孝莊）像

遂使此事成為清代「四大奇案」之一。

另外，中國唐朝的皇帝武則天、俄國的葉卡特琳娜二世等，都曾利用自己的姿色和地位獲取並鞏固自己的皇位。這些均屬於以上馭下的「美人計」。

(2) **用「美人計」逢迎上級**。歷史上更多的例子是利用「美人計」逢迎上級以求進取。這方面的花樣多得很，其成功者的共同點是，都善因勢定計，而不拘一格。

戰國時，齊宣王王后死了，新王后沒有立。有人對丞相田嬰說：「您現在建議國王立個新王后，不就可以有功於國王和王后，得到他們的寵信嗎？」田嬰說：「我何嘗不想！可國王有七個妃子，我不知道他最中意的是哪一個。我推薦對了，當然好；推薦錯了，得罪了國王和新王后，不就弄巧成拙，反倒壞了我的大事了嗎！」那人給他出主意說：「您可以向國王獻七副耳環，其中六副是比較普通的，另外一副是特別珍貴的。然後您注意看哪位妃子戴了那副特別珍貴的耳環，不就明白國王的心思了嗎！」田嬰連稱妙計，就照著辦了。果然奏效，齊宣王後來

立的新王后，正是田嬰推薦的那個妃子。田嬰從此討得了國王和王后的歡心，進一步鞏固了自己的地位。對田嬰的這種做法，我們當然應持批判態度。試想，作為一國的丞相，費盡心機只想著如何投上所好，騙取尊寵，還有什麼心思去考慮國家大事！丞相如此，其他得到寵幸的官員也就可想而知了。朝廷聚集了這樣一批人，國家怎能不衰敗！

中國古代有個說法，要想升官，不走「紅道」，就走「黃道」。「黃道」就是使用金錢，「紅道」就是使用「美人計」。應該看到，這些醜惡現象是封建專制制度的必然產物，而不單單是某個人的罪惡。有些人給老百姓做了不少的好事，但也做過走「紅道」以求進取的事。如唐玄宗時，有個叫章仇兼瓊的人，他在做劍南節度使時，曾大興水利，創新津通濟堰，可引水灌溉眉、蜀二郡之田；後又引萬年池水灌溉成都的良田。他在蜀地任職了八年，老百姓很懷念他的惠政。但是他就曾託楊貴妃的從祖兄楊釗（即後來的楊國忠）向楊氏姐妹行賄。當時楊貴妃三姐妹受到唐玄宗的寵幸，但楊釗不學無行，被他的親屬們瞧不起，所以他還在蜀地從軍，擔任新都尉，官不大，所以比較窮困。章仇兼瓊發現這一寶貴「資源」後，決定充分運用，就封他為推官，派他入京都進獻蜀地特產的絲織品，另外又送給他價值一萬緡錢的蜀地精美物品，讓他分送給楊氏姐妹。楊釗大喜過望，帶著這些寶物晝夜兼行，到了長安，一一拜見幾位妹妹，把帶來的奇珍異寶分送給他們。說：「這是章仇公送的。」於是楊氏姐妹在玄宗面前日夜說章仇兼瓊的好話，並把楊釗引見給皇上，說他善於博戲，於是楊釗得以隨供奉官出入宮禁之中。不久，章仇兼瓊就因楊氏姐妹的薦引而被封為戶部尚書；楊釗後改名為楊國忠，官運亨通，青雲直上，成為唐代著名的奸相。

「美人計」並非不可抵禦

「美人計」征服的只是那些意志薄弱者。一個人如果正氣浩然，品

德高尚，就不會上當誤事。唐憲宗時，都督韓弘與叛軍勾結，仇恨檢校尚書左僕射李光顏平叛功大，想擾亂他的意志，離間他和部屬的關係，於是挑選了一名美女，花錢巨萬，對美女進行了精心打扮，然後派使者告知李光顏，說要把這一美女送給他。李光顏答應可於次日把美女送來。第二天，使者帶著美人來後，李光顏把全體將士集合起來，對全體將士說：「我李光顏雖然離家很長時間了，但我憂慮的是國家，深感難以報答朝廷的恩德，何況所有將士都是背井離鄉，捨妻子、蹈白刃，我又何忍獨享此樂！請向韓公致意：我誓不與賊同生！」李光顏就這樣打發使者帶著美女回去了。韓弘害人不成，反而暴露了自己的用心，十分懊喪。可見「美人計」並非不可抵禦。

【按】兵強將智，不可以敵，勢必事之。事之以土地，以增其勢，如六國之事秦，策之最下者也；事之以布帛，以增其富，如宋之事遼、金，策之下者也。唯事之以美人，以佚其志，以弱其體，以增其下之怨，如勾踐之事夫差，乃可轉敗為勝。

【按語今譯】敵方士兵素質高，將帥足智多謀，這就不可以和他爭鋒，在這樣的態勢下，必須暫時服從他。但以割讓土地的辦法侍奉他，會使他的勢力更加強大，就像戰國時期六國對待秦國那樣，這是最下策；用金錢布帛進貢，會使敵方增加財富，就像宋朝侍奉遼國、金國那樣，這是下策。只有進獻美女，以消磨其鬥志，弱化其身體，增加屬下對他們的怨恨，就像越王勾踐侍奉吳王夫差那樣，這樣就可以轉敗為勝了。

第三十二計
空城計

虛者虛之，疑中生疑。剛柔之際，奇而復奇。

本來兵力空虛，卻故意顯示自己的空虛，讓敵人在狐疑中更生狐疑。這就是《易‧解》卦所說的，剛柔可以互相轉化，奇中還可再奇。

「空城計」是「虛者虛之」的欺敵謀略

史書上沒有諸葛亮採用「空城計」的記載

一說到「空城計」，人們自然會想起《三國演義》中寫的諸葛亮在西城（今陝西安康西北）以空城嚇退司馬懿的故事。中國的許多劇種，如京劇、晉劇、徽劇等都有以這一名稱命名的劇目。此劇大意是說，諸葛亮北伐中原，派馬謖駐守街亭（在今甘肅莊浪東南），馬謖剛愎自用，街亭被魏軍攻陷，司馬懿乘勝率魏軍進逼諸葛亮所在地西城。諸葛亮當時手中已無兵將可調，危急之中，決定用空城計嚇退魏軍。於是，他命令大開城門，自坐城樓撫琴飲酒，與司馬懿對話。司馬懿知道諸葛亮一生用兵謹慎，不會冒險，因此斷定城中或城外設有伏兵，慌忙下令退兵，諸葛亮得以轉危為安。由於《三國演義》這段故事寫得極為精彩，加上許多群眾喜聞樂見的戲曲將這一故事改編後到處演出，使這一故事廣為流傳，幾乎在國內家喻戶曉。但這並不是歷史事實，而是出於文學家的藝術創作。

據《三國志‧馬良傳》附《馬謖傳》載，建興六年（二二八年），諸葛亮率軍出祁山攻魏國，諸葛亮不聽劉備生前之言，任命「言過其實」的馬謖為先鋒，馬謖與魏將張郃戰於街亭，「為郃所敗，士卒離散。亮進無所據，退軍回漢中」。事後，諸葛亮揮淚將馬謖斬首。戲曲節目中的所謂「失、空、斬」，失（失街亭）、斬（斬馬謖）都是有的，唯獨「空」（空城計）查無實據。

但「空城計」的作者也不是完全憑空捏造，中國歷史上確有不少施用空城計者。《三國演義》的作者為了塑造諸葛亮這位典型的智慧形象，運用藝術手法，將別人做過的事情移植、集中到了諸葛亮身上，這就是所謂藝術的真實吧。

從目前所見史料看，中國歷史上最早使用「空城計」的，應是西元前六六六年鄭國的鄭文公及其臣子們。據《左傳》載，這年秋天，楚國令尹子元（即王子善，楚文王之弟）率兵車六百乘攻打鄭國。鄭文公請求齊、魯、宋國前來救援，但援軍還一時未到。鄭文公與群臣商議，決定先採用「空城計」嚇住敵人。子元率軍從鄭國遠郊之門進入後，發現鄭國的內城城門懸掛在半空中，門洞大開，無兵士防守。子元懷疑城裏有伏兵，說：「鄭國有能人。」猶猶豫豫，不敢貿然攻城。就在他拿不定主意之際，齊、魯、宋國援救鄭國的軍隊到了，子元不得不率軍連夜逃走。

　　三國時的趙雲也曾使用過此計。據《三國志‧趙雲傳》注引《雲別傳》記載，漢獻帝建安二十四年（二一九年），劉備的大將黃忠在定軍山（在今陝西沔縣東南）斬殺曹操的征西將軍夏侯淵。這年三月，曹操親率大軍前來爭奪漢中。趙雲為配合黃忠奪取曹軍糧草，率領數十名騎兵與曹軍周旋、搏殺，且戰且退到自己營壘。守營的沔陽長張翼見曹軍勢大，想閉門拒守。但趙雲卻令大開營門，偃旗息鼓以待魏軍。曹操懷疑趙雲在附近設有伏

趙雲像

兵，趕緊下令引兵退走。趙雲命令蜀軍突然擂動戰鼓，鼓聲震天動地，蜀兵又用強弓硬弩從後面射擊曹軍，曹軍驚恐萬狀，爭相逃跑，軍士自相踐踏，死傷無數。後來，他們又都想爭先渡過漢水逃命，結果，又有很多人淹死。趙雲以少勝多，打了一個漂亮的勝仗。第二天，劉備來到趙雲營寨視察戰場，稱讚他說：「子龍（趙雲字）一身都是膽也。」

「空城計」的原理是「虛者虛之」

關於「空城計」的原理，《三十六計》的作者進行了揭示，這就是「虛者虛之，疑中生疑。剛柔之際，奇而復奇」。為什麼「虛者虛之」就可以使敵「疑中生疑」呢？這是因為虛實相生，使人難測的緣故。為了達成欺騙敵人的目的，我可以實而示之虛，也可以虛而示之實，還可以實而示之實，虛而示之虛，如果敵人沒有準確的情報，就很難判斷我內部的虛實。我虛而示之虛，敵人反而可能認為我是實而示之虛，他害怕中計，就不敢來攻。「剛柔之際，奇而復奇」出自《易·解》卦象辭：「剛柔之際，義無咎也。」剛柔是中國古代哲學範疇中最基本的範疇之一。作者認為，剛柔是可以互相轉化的，虛實變化的道理亦在其中，如虛而示實是奇，虛而示虛則是奇而復奇，從而使敵人弄不清我之奇正所指、虛實所在，做出錯誤的判斷和決策，我即可達到虛實皆宜、奇正均勝的目的。

但話又說回來，空城計畢竟是一招不得已而為之的險棋，真相一旦被敵破解，後果將不堪設想。因此，此計可根據情況偶一為之，而不可常用。上策還是應以堅強的實力為基礎，且必須實而實之、虛而虛之、實而虛

張守珪像

之、虛而實之四種手法交相使用，方可能使敵人丈二和尚一摸不著頭腦，從而達成致人而不致於人的目的。

綜觀中國歷史上使用「空城計」獲得成功的，有一個共同特點，就是他們都善於因勢、因敵、因地靈活地使用此計，這需要決策者準確掌

握戰場情況，深刻了解敵將的心理特點，採取巧妙的措施將假戲做真。南北朝時北齊將祖珽在徐州嚇走陳兵；唐時瓜州刺史張守珪智退吐蕃兵等，都是如此。最能說明這一道理的，莫過於宋將張齊賢在代州（今山西代縣）變害為利、大敗遼兵的故事。

宋太宗永熙三年（九八六年），宋將張齊賢知代州，被遼兵包圍。為了打敗遼兵，他派使者請求駐守并州（今太原）的潘美前來支援，但這個使者在回來的路上被遼兵俘虜。張齊賢的這一謀劃很可能被洩露了出去。這樣，代州不但孤危，而且潘美也有遭到遼軍截擊的危險。正在張齊賢憂慮時，潘美的使者來到，說并州之軍不能來援。到了這時，似乎代州就只好束手待破了。但張齊賢料定遼軍只知潘美援軍可能來，而不知潘美援軍不來，於是，將計就計，乘夜派出二百人偷偷跑到代州城西南三十里處，張旗燒柴，擂鼓吶喊。遼兵從俘獲的宋軍使者那裏得知，張齊賢請求并州之軍來援，現在看到代州西南有「大軍」行動，果然以為潘美援軍已經抵達代州，趕緊撤圍北走，路上反為張齊賢所部署的伏兵截擊，遭到慘敗。

美蘇在古巴導彈危機中都大搞虛張聲勢

在現代戰爭條件下，誰再機械地模仿空城計的做法，玩什麼大開城門、登城撫琴之類，那肯定是愚蠢的。此計的價值在於其所蘊含的哲理，決策者可以運用這些哲理對敵進行資訊欺騙和資訊威懾，從而戰勝敵人，比如，虛張聲勢以懾止對手，即是對此原理的運用。一九六二年蘇聯和美國處理古巴導彈危機的事件中，雙方就都採用了這種手段。

一九六二年七月底，美國甘乃迪政府獲得情報：蘇聯人把能攜帶核彈頭的中程導彈運進了古巴，並正在那裏修建針對美國的發射基地，蘇聯的艦艇當時還正在向古巴運送有關設備。甘乃迪派人核查，證實了這一情報的準確性。經過一番外交談判後，美蘇雙方沒有達成妥協，於

是，甘乃迪下令對加勒比海上的古巴海域進行「海上隔離」，阻止蘇聯船隻進入古巴；美國部隊進入最高戒備狀態；要求蘇聯立即拆除設置在古巴的進攻性武器。時任蘇聯總書記的赫魯雪夫一邊矢口否認有此事，一邊命令繼續進行這項工作，同時也宣布蘇聯全軍進入戰爭狀態。美蘇雙方都擺出一副不惜打一場核戰爭的姿態，以嚇唬對方。在此期間，至少有二十五艘蘇聯船隻在核潛艇的護衛下正在駛往古巴，並於十月二十四日抵近美國海軍的封鎖線。美國人宣稱，只要蘇聯船隻進入美軍封鎖線，就將其擊沉；而蘇聯船隻卻仍在向前行駛。與此同時，美、蘇雙方最高決策層都在互相威脅，一場核大戰似乎一觸即發。

但無論是甘乃迪，還是赫魯雪夫，他們心裏都明白，如果雙方真打起來，對任何一方後果都不堪設想。所以實際上雙方都是在虛張聲勢，誰都不敢首先使用核武器，誰都想用大話把對方先嚇回去，誰心裏都非常空虛。在最關鍵的時刻，赫魯雪夫先軟了下來，他命令蘇聯艦船停止前進，並最後同意拆除在古巴修建的導彈設施。事後，美國國務卿臘斯克引用了一句形象而幽默的臺詞：「剛才那一刻，我們怒目相對。忽然我看到那傢伙的眼睛眨了一下。」其實，中國有句古語更為經典，這就是「狹路相逢勇者勝」。就這樣，美國人堅持到最後一刻，他們贏了；蘇聯人在關鍵時刻軟了下來，只好自找臺階下。甘乃迪為了給對方一個臺階，宣稱：「我們絕不能渲染俄國人的退卻。我們由於允許赫魯雪夫從危機中體面地縮回去，沒有使他徹底丟臉，從而避免了一場核戰爭。這就夠了。」這是勝利者才有的「大度」。

警惕商業運作中的「空城計」

「空城計」在日常生活中亦被經常使用，如我們經常說的「皮包公司」之類，就是經濟上的投機份子們使用「空城計」的產物。美國的安然公司就是這樣一個前所未有的大「皮包公司」。

安然公司是一家既沒有石油和天然氣、又沒有電力財產的「能源公司」，它只是供應商和需求者之間的「能源經紀人」。為了維護該公司繁榮的虛假形象，以吸引客戶，公司的經營者不僅在賬目上做手腳，而且還大肆從事各種偽造繁榮形象的行為，如舉辦豪華舞會，以蒂法尼玻璃製成可以獲得對號獎的門票，向慈善機構捐獻鉅款，甚至在二千年買下了在休士頓太空人棒球隊的新體育場刻上該公司名字的權利等。投資者一旦陷入這種假象的泡沫就不能自拔。這種泡沫機制使該公司不得不抬高股價，從而造成五彩斑斕的漂亮外表。美國諾曼‧科爾研究中心高級研究員尼爾‧加布勒稱這種行為是「毒素除皺」經濟，其原理與「毒素除皺美容法」相同。「毒素除皺美容法」是向美容者的肌肉內注射一種肉毒桿菌毒素，以軟化人的面部肌肉，從而達到暫時除皺的效果。「毒素除皺」經濟則是透過展示虛偽的繁榮景象和一整套看似天衣無縫的賬目數字來掩蓋其骯髒的財務問題和資產被掏空這一事實。但這些事實不但消除不掉，反而更加滋生蔓延，總有一天會將自己的真面目暴露在光天化日之下。所謂「毒素除皺」，充其量只是飲鴆止渴、自欺欺人而已。安然的教訓證明，這樣的「空城計」實在唱不得。

【按】 虛虛實實，兵無常勢。虛而示虛，諸葛而後，不乏其人。如吐蕃陷瓜州，王君死，河西洶懼。以張守珪為瓜州刺史，領餘眾，方復築州城。版幹裁立，敵又暴至。略無守禦之具，城中相顧失色，莫有鬥志。守珪曰：「彼眾我寡，又瘡痍之後，不可以矢石相持，須以權道制之。」乃於城上，置酒作樂，以會將士。敵疑城中有備，不敢攻而退。又如齊祖珽為北徐州刺史，至州，會有陳寇，百姓多反，祖珽不關城門，守陴者，皆令下城，靜坐街巷，禁斷行人，雞犬不亂鳴吠。賊無所見聞，不測所以，疑惑人走城空，不設警備。祖珽復令大叫，鼓噪聒天，賊大驚，登時走散。

【按語今譯】用兵作戰，虛虛實實，沒有固定的模式。本來兵力空虛，反而公開顯示空虛，運用這種計謀取勝的，自諸葛亮之後不乏其人。如唐開元年間，吐蕃攻陷瓜州，河西節度史、涼州都督王君㚟（音綽）戰死，河西一帶百姓一片惶恐。朝廷任命張守珪為瓜州刺史。張守珪率領戰亂後倖存的軍民修復瓜州城牆，在打牆的夾板、木椿剛剛固定的時候，敵人又突然來到，城中沒有可供禦敵的武器，大家都大驚失色，沒有與敵人鬥爭的勇氣。張守珪說：「現在敵眾我寡，我們又處在剛剛被洗劫之後，不能用弓箭、擂石與敵人作戰，必須用奇計取勝。」於是，他便在城牆上擺酒奏樂，宴請將士。敵人懷疑城中已有準備，不敢貿然進攻，撤兵而去。又如北齊的祖珽（音挺）剛到北徐州任刺史，就趕上南朝陳軍進犯，百姓大都反齊向陳。於是，祖珽下令不關城門，守城士兵一律下城，在街巷裏靜坐不動，並禁止人員通行，不許雞鳴狗叫。陳軍來到城前，看不見人影，又聽不見任何聲音，弄不清到底是怎麼回事，懷疑是人走城空，所以不加戒備。正在這時，祖珽忽然命令士兵擂鼓吶喊，聲震天地，陳軍大驚，頓時四散逃走。

第三十三計
反間計

計文

疑中之疑。比之自內，不自失也。

今譯

使用反間計的原理就是在疑惑中製造疑惑。《易·比》卦說，對外人親密得像自己人一樣，就不會失掉他。

「反間計」是使敵人的間諜爲我所用的謀略

「反間」與「離間」不同

「反間計」的計名出自《孫子兵法·用間篇》：「反間者，因其敵間而用之。」意思是說，反間是指用收買等手段使敵人派來的間諜爲我所用。這裏的「反間」與人們平常所說的「離間」含義不同，不可將二者混爲一談。此計的「按語」將「反間計」理解爲「離間計」，是不對的。

此計正文中說：「疑中之疑。比之自內，不自失也。」意思是說，軍隊之中由於敵我雙方互相用間，因此會出現許多疑惑難解的現象。《易·比》卦說，對他親密得像自己內部人一樣，就不會失掉他。作者認爲，這是收買敵人間諜爲我所用以解「疑中之疑」的哲理依據。

孫子在《用間篇》中總結概括了中國當時五種用間方式，這就是因間、內間、反間、死間、生間。因間是指爲我提供情報的敵方將帥的同鄉；內間是指爲我提供情報的敵方官員；死間是指我方製造假情報，使我在敵人營壘中的間諜把這一假情報傳送給敵人的間諜，以使敵軍上當受騙，我方間諜很可能會因此而暴露身分，被敵人殺害，所以被稱爲「死間」；生間與死間相對，是指我方到敵方搜集到情報後可安全返回報告情況的間諜。孫子認爲，這五間之中，最重要的是反間，因爲只有透過反間，才可能知道敵人內部的高度機密，了解、掌握敵人內部哪些人可以成爲因間、內間，並使之爲我所用；只有透過反間，才能讓死間去向敵人的間諜報告假情況；只有透過反間，才能使生間將獲得的敵方情報如期送回。所以，孫子強調，「五間」之事，君主將帥都必須掌握，而其中最重要的是掌握反間，所以對反間的賞賜一定要非常豐厚。

這裏需要說明的是，孫子突出反間的作用，並非否定其他「四間」，而是要「五間俱起」，突出重點，相互為用。因為只有這樣，才可能最有效地獲取情報。

如何使敵人的間諜為我所用？唐朝軍事家李靖在《衛公兵法》中提出了一種中國早期的人工竊聽術，這就是，當敵國派來做諜報的使者時，我就千方百計地把他留下來，派人和他一塊居住，大獻殷勤，假裝和他非常親密，每天早晚都要向他問寒問暖，加倍地供給他珍貴食品，對他察顏觀色；另派耳聰目明者潛藏在他臥室的夾牆中，竊聽他們的談話。使者因久住而延誤了回歸的日期，怕回去後受到責怪，必會偷偷地議論自己所擔心的事情及其他秘密。我了解到了對方這些情況後，就可派間諜到他國內開展活動，獲取情報。

從實踐上看，中國很早就已有使用反間計者，至戰國時，此計已被運用得相當熟練。如西元前二六九年，秦軍攻打韓國，並圍困趙國要地閼與（在今山西和順），趙惠文王命將軍趙奢率兵援救閼與。趙奢領兵從趙國都城邯鄲（今屬河北）出發，走了三十里地就下令安營紮寨，停止不前，下令說：「有在軍事上提意見的，處死刑。」當時秦軍一部正在進攻武安（在今河北省武安西南），有人建議趕緊去救武安，趙奢因他違背軍令，立即把他斬首。他命令部下只在原地加緊建造營壘，做守衛邯鄲的準備。秦軍派間諜前來偵察，趙奢早有預料，於是讓人對他好生招待，然後把他放了回去。秦軍間諜回去後，向秦軍主帥報告了自己在趙奢營中的所見所聞，秦軍主將認為趙奢畏敵怯戰，只想守衛邯鄲，並無真心援救閼與之意，於是完全放鬆了對他的警惕。沒想到趙奢把秦國的間諜剛剛放走，就命令部隊立即出發，經過兩天一夜的急行軍，迅速到達閼與，結成厚重陣勢，並佔領了當地的制高點北山，從而控制了戰場主動權，最後取得了閼與之戰的勝利。

《三國演義》中描寫了這樣一段故事：赤壁之戰前夕，曹操派蔣幹

過江勸降周瑜，周瑜將計就計，偽造了一封曹操水軍將領蔡瑁、張允寫給周瑜的投降書，故意讓蔣幹偷走，使曹操在一怒之下錯殺了這兩名曹營中熟悉水戰的將領，從而埋下失敗的禍根。這段故事無疑與反間計的內容相符，但卻不符合歷史事實。《三國志》注引《江表傳》載，蔣幹儀表堂堂，很有辯才，獨步江淮之間，沒有對手。他確曾奉曹操之命過江勸降周瑜，但卻是出

鼎峙三分定功成一炬
中君曰同賞日兒女自
英雄 青城仙侶

周瑜像

於無奈。周瑜知其來意，先以報孫權「知己」之恩堵塞其口，蔣幹「但笑，終無所言」。他回來後，只對曹操說，周瑜雅量高致，不是用言辭所能離間的。事情就這麼簡單。《三國演義》的作者據此杜撰了一個蔣幹偷書、使曹操錯殺蔡瑁、張允的故事，把這件事的責任扣在了蔣幹的頭上，實在是一樁「歷史冤案」。

近、現代戰爭中不乏真正的「蔣幹」

(1) **阿馬亞克·科布洛夫間諜案**。第二次世界大戰期間，蘇聯出了一個真正的「蔣幹」，此人名叫阿馬亞克·科布洛夫。當時，納粹德國已將數十個師調往東部，準備對蘇聯發起進攻。為了掩蓋其真實意圖，德國專門成立了一個編造、散布謠言的「里賓特甫委員會」，他們發現了蘇聯派往柏林的諜報員阿馬亞克·科布洛夫，決定利用他向蘇聯統帥部提供虛假情報。一九四〇年八月，科布洛夫向莫斯科報告說，他物色了一個叫奧列斯特·貝爾林克斯的《里加日報》駐柏林記者，他願意有償地向蘇聯提供德國外交部的情報。殊不知，此人正是「里賓特洛甫委

員會」派來的奸細。科布洛夫透過他獲得德國外交部大量假情報，如，「希特勒及其元帥們的注意力不在蘇聯，而在中近東、非洲和其他地區」；「德國不會兩面作戰」；「德國的糧食儲備已經耗盡」，等等。這些情報經過科布洛夫都呈報給了史達林，成為史達林做出錯誤判斷的重要依據。一九四一年六月十六日，當一份「德國進攻蘇聯準備就緒，只待時日」的真實情報送到史達林面前時，史達林竟作了「讓呈送這份情報的諜報員見鬼去吧！這不是情報員，而是假情報製造者」的批示。直到一九四七年五月二十一日審訊德國戰犯時，才搞清當時事情的原委。科布洛夫因此於一九五三年被蘇聯特別法院判處死刑，但他給蘇聯造成的慘重損失卻已無可挽回。

(2) **羅伯特‧漢森間諜案**。在現代國際間進行的軍事、外交、經濟等領域的鬥爭中，各國利用對方間諜為自己提供情報的例子更多，花樣更為豐富，手段更為隱蔽。美國聯邦調查局資深特工羅伯特‧漢森間諜案即是典型的一個。

羅伯特‧漢森一九四四年四月十八日出生在美國的芝加哥，一九七六年調到美國聯邦調查局工作。據說，他是一個「虔誠的」天主教徒，每個星期天他都要帶領全家去教堂祈禱。他的同行則稱他是聯邦調查局的資深專家，他平時常穿深色西裝，神情陰森得有些怕人，因此，得了個外號叫「死亡醫生」或「殯儀館館長」。他長期負責針對俄駐外機構的反間諜工作，有條件接觸美國的絕密文件；後來，他又被調到國務院工作，負責偵破外國間諜的任務。一九八五年，他被蘇聯駐聯合國代表處收買，開始向對方提供情報，代號為「拉蒙」或簡稱「P」。美國聯邦調查局經調查發現，這隻藏匿在該局內碩大無比的「鼴鼠」一共向俄國人提供了二十七封信件、二十二個郵包、大約六千頁的絕密情報，其中包括美國的核武器發展計劃、電子偵察技術等。特別嚴重的是，他還曾向蘇聯克格勃提供了三名被美國收買的俄國特工名單，這三人分別是謝

爾蓋‧莫多林、瓦列里‧馬爾丁諾夫和鮑利斯‧尤任。前兩人因他的出賣而被蘇聯槍斃，尤任則在蘇聯監獄中服刑期滿後移居美國。

羅伯特‧漢森為蘇聯人提供情報，是蘇聯人運用「反間計」取得的成功；而羅伯特‧漢森的暴露，則是美國人運用「反間計」取得的勝利，可謂是典型的以其人之道還治其人之身。在美國中央情報局的策反下，俄駐聯合國外交官謝爾蓋‧特列傑科夫叛逃到美國，此人是俄羅斯安全局的軍官。由於特列傑科夫的出賣，漢森終於暴露了自己的真面目。二〇〇一年二月十八日，美國聯邦調查局宣布，逮捕這位俄羅斯間諜、本局資深特工羅伯特‧漢森。據說，羅伯特‧漢森向俄人出賣情報的主要原因是為了錢，十五年來，他從蘇聯和俄羅斯情報機關得到了約一百四十萬美元的報酬。

這一事例為孫子所說反間的極端重要性以及對反間獎賞應當最厚的觀點提供了根據。

資訊時代更須重視情報工作

隨著資訊化時代的到來，利用人工反間將與利用高科技反間相結合，手段更為高明，情況更為複雜，威脅無處不在。據日本《每日新聞》二〇〇二年三月十八日報導，美國情報機關正在推進對世界通信的監聽，美、英等五個國家決定在監聽衛星通信的基礎上，加強對海底光纜的監聽，使其監聽機構成為名副其實的「看不見的耳朵」。其監聽的重點可能在日本、中國、新加坡之間以及歐洲、中東之間。又有資料稱，一些發達國家和地區賣給發展中國家的資訊技術設備中暗藏著可受他們遙控的現代的「特洛伊木馬」，一旦需要，賣者便可透過秘令將這些具有特殊功能（如遙控定位、資訊炸彈等）的設備啟動，引導他們對這種設備的所在地進行精確打擊，或導致這些設備癱瘓，從而危及該國或該地區的安全。可見，加強對資訊和網路的安全防護，構建可靠的國家和

軍隊的資訊安全體系，是何等的重要！因為正如孫子所說，它們是「三軍所恃而動」的依據。

兵聖孫武像

正因為如此，所以國外對中國傳統的用間思想都非常注意研究。在這方面，日本和美國都有突出表現。如英國作家理查德‧迪肯（Richard Deacon）所著《日本情報機構秘史》一書指出：「日本人搜集情報的靈感是受中國的二千四百五十年前的戰略家孫子的影響，《孫子兵法》中詳細闡述了間諜策略，孫子的名言諸如『知彼知己，百戰不殆』、『上兵伐謀』等，顯然一直是歷代日本諜報機構的座右銘。也可以說，《孫子兵法》為歷代日本諜報活動工作奠定了理論基礎和行動綱領，以至於成為日本從事間諜的經典。」

一九六三年，美國前中央情報局長艾倫‧杜勒斯（Allen W. Dulles）（一八九三－一九六九）在其所著《情報術》一書中寫道：「在中國歷史上的先秦時期，間諜就發揮過重要的作用，對此，孫子的觀點更加切實可行。……在《用間篇》中，孫子闡述了西元前五世紀中國人所採用過的諜報基本做法，其中很大一部分今天仍在運用。……他論述了反間諜、心理戰、欺騙術、安全、假情報製造等。總之，論述了整個情報術。」艾倫‧杜勒斯在一九五三年至一九六一年擔任美國中央情報局局長期間有過「用間」的成功記錄，譬如，在一九五六年他成功地弄到了赫魯雪夫反對史達林的秘密報告。

「九一一」事件後，美國不但重視技術偵察手段，而且加強了「人工情報」工作。美國國家安全局前首席科學家羅伯特‧莫里斯提出了人工獲取情報的「三B」方法：偷盜（burglary）、賄賂（bribery）和誑詐

（blackmail）。這與中國傳統軍事思想中利用敵人弱點搜集情報的思想相吻合。

重視經濟領域裏的情報鬥爭

在現代經濟領域，用間和反間的鬥爭也十分激烈。據有關資料統計，最近十年來，世界上經濟間諜案的數量增長了三倍多。法國、以色列、日本雖然是美國的盟友，但它們同時又互相是經濟上的對手，互為諜報強敵。最近，美國聯邦調查局又把韓國、俄羅斯、德國、巴西、墨西哥等二十三個國家列入了「盜竊工業秘密最積極的國家」。美國聯邦調查局檔案中記載著形形色色的獲取經濟情報的做法，如韓國人用看似不小心的做法讓自己的領帶沾上美國實驗室裏的某種液體，帶回去進行研究；日本人在參觀車間和實驗室時，故意讓雪白的手帕掉在地上，以獲取那裏灰塵的樣品；法國女間諜打扮成空姐，把竊聽器偷偷地安裝在頭等艙內，以竊聽世界各界要人的談話；俄羅斯代表團的成員用在鞋底上貼膠紙的方法帶走美國長島飛機製造廠製造戰鬥機所用的合金微粒等。

從最近揭露的大量經濟間諜案看，策反對方間諜最主要的武器仍然是金錢。所以，一些國家在收買情報方面都非常捨得花錢。俄羅斯《總結》周刊二〇〇二年六月十日的一篇文章說，「日本人認為，既然花一百萬美元的賄賂可以收買工程師又快又省的獲得有關現成資料，那我們為什麼要花十年時間和十億美元去做那些沒有一定成功把握的研究和實驗呢？」

【按】間者，使敵自相疑忌也。反間者，因敵之間而間之也。如燕昭王薨，惠王自為太子時，不快於樂毅，田單乃縱反間曰：「樂毅與燕王有隙，畏誅，欲連兵王齊。齊人未附，故且緩攻即墨，以待其事。齊

人唯恐他將來，即墨殘矣！」惠王聞之，即使騎劫代將。毅遂奔趙。如周瑜利用曹操間諜，以間其將，亦「疑中之疑」之局也。

【按語今譯】所謂間，就是使敵人內部自相猜疑。所謂反間，就是利用敵人的間諜離間敵人。如燕昭王死後，惠王即位。惠王在當太子時就對樂毅不滿。於是，齊將田單就派人到燕國散布流言說：「樂毅與惠王有嫌隙，怕被惠王殺害，就想憑藉所統率的大軍聯合齊軍，在齊國稱王。因為齊國人還沒完全歸附，所以他才不急攻即墨城，以等待條件成熟後再稱王。齊國人就怕燕國派別的將領來，那樣的話，即墨城就會被攻破了。」燕惠王聽到這些傳言後，就派有勇無謀的騎劫代替樂毅。樂毅於是逃亡到趙國。又如，周瑜利用曹操的間諜，離間曹操與其將領的關係，用的也是在疑惑中再製造疑惑的圈套。

第三十四計
苦肉計

　　人不自害，受害必真；假真真假，間以得行。童蒙之吉，順以巽也。

今譯

　　按照常情，一個人不會自己傷害自己，人既然受到了傷害，別人就會相信他是真的受到了別人的傷害。我如能把假的做得像真的一樣，敵人就會相信是真的，而不會認為是假的，這樣，間諜就得以實行了。《易・蒙》卦中說，無知的兒童之所以得到人們的喜愛，是由於他嫩弱、順從。

「苦肉計」是用「自殘」騙敵信任的用間謀略

「苦肉計」並非源自黃蓋

一說到「苦肉計」，人們自然會想到《三國演義》中的東吳老將黃蓋。赤壁之戰前夕，他為了騙取曹操的信任，使自己能接近曹操的船隊，縱火焚燒曹軍的戰船和其沿江的營壘，就向東吳主帥周瑜獻了一條讓周瑜當眾嚴刑拷打自己的苦肉計，黃蓋以此為由，向曹操詐降。

黃蓋像

這就是歇後語「周瑜打黃蓋——一個願打、一個願挨」的來歷。後來，曹操果然中計，其戰船及岸上營寨被黃蓋裝滿可燃物的船隊焚燒殆盡，人馬被燒死者無數，曹操因此遭到慘敗。從《三國志》等史書記載看，黃蓋確曾向周瑜建言用火攻之法攻擊曹軍，並詐降曹操，使此計得逞。但「苦肉計」這個情節卻是出於《三國演義》作者的杜撰。

這種杜撰並非《三國演義》的作者憑空想像，而是歷史上有這樣的「模式」。其中所見使用此計最早的，應是商湯派伊尹入夏做間諜之事。據《呂氏春秋·慎大》中說，湯為了派伊尹到夏朝去獲取情報，怕夏人不相信他，就親自用箭射擊伊尹，伊尹跑到夏朝後，在那裏待了三年，獲取了大量情報，然後回到湯的身邊，為商湯滅夏立了大功。

中國歷史上使用苦肉計最慘烈的例子，莫過於春秋末期吳國的要離刺慶忌了。

西元前五一五年，吳國公子光派專諸刺殺王僚之後，做了吳國的國王，這就是吳王闔閭（一作闔盧）。王僚的兒子公子慶忌逃到衛國避難，此人據說「筋骨果勁，萬人莫當」，能「走追猛獸，手接飛鳥」。闔閭怕他聯合其他諸侯為父親報仇，顛覆自己的政權，因此食不甘味，夜不安席，於是要伍子胥給他找一個勇士去刺殺慶忌。伍子胥推薦了要離。要離身體弱小無力，據說他迎著風會被吹得仰面朝天，背著風就被吹得趴倒在地（「迎風則僵，負風則伏」）。伍子胥認為只有派這樣的人去才能使慶忌放鬆警惕，得以接近並刺殺慶忌。吳王同意了伍子胥的建議。為了騙取慶忌的信任，要離要求吳王殺死他的妻子和兒女，砍斷他自己的右手。闔閭照著他的話做了。要離偽裝畏罪逃到衛國後，求見慶忌，並建議慶忌攻打闔閭，奪回王位。慶忌見他與闔閭有如此大的「血海深仇」，就相信了他，又見他身體弱不禁風，對他果然放鬆了戒備，把他留在自己身邊。三個月後，慶忌率領經過訓練的士卒進入吳國。在渡江時，要離坐在船的上風頭，乘慶忌無備，借風勢刺傷慶忌。慶忌一揮手就把他甩了出去，並三次抓住他的頭摁入水中，然後把他放在自己的膝蓋上。慶忌身邊的人要把要離殺死，慶忌說：「這是個勇士，可以放他回到吳國，以表彰他的忠誠。」慶忌就這樣死去了，要離也自斷手足，伏劍而死。闔閭用這種殘忍的苦肉計終於除去了自己的心頭之患。

外國也用「苦肉計」

有意思的是，大約在同一時期，在西方也發生過類似的事情。

據古羅馬塞・尤・弗龍蒂努斯著《謀略》一書記載，在西元前六世紀下半葉，羅馬第七代國王塔爾奎尼烏斯・蘇佩爾布斯想誘使義大利城鎮加比的人民投降，但想了很多辦法都未能如願。後來，他想到了「苦

肉計」。為施行此計，他用樹枝殘忍地抽打自己的兒子塞克斯圖斯·塔爾奎尼烏斯，然後故意讓他跑到敵人那裏去。塞克斯圖斯到加比城後公開揭露父親的殘忍，勸說加比人反對這個「暴君」。加比人被他的激情所感動，就推舉他為自己的統帥。塞克斯圖斯掌握了這一大權後，就把加比獻給了自己的父親。羅馬人因此不戰而獲得這座城市。

在這一時期，波斯國王居魯士（一說大流士）也上演了與此相似的一幕。他為了奪取新巴比倫王國的都城巴比倫（在今伊拉克巴格達以南的希拉附近），就故意毀壞了自己的近臣佐皮魯斯的面容，然後把他派到敵人那裏去。巴比倫人看到佐皮魯斯被毀壞的面容後，都確信他與居魯士勢不兩立。他在與波斯人的戰鬥中衝鋒在前，非常勇敢，有一次還把自己的標槍投向居魯士，他因此贏得了巴比倫人的崇敬和信任，巴比倫人把這座美麗的城市託付給他來掌管。在後來的戰鬥中，佐皮魯斯利用自己手中的大權把巴比倫城輕易地獻給了居魯士。

從以上幾個例子可以看出，為了戰勝敵人，古代的中國人和外國人都想到並使用了「苦肉計」。這是因為，此計的原理具有普遍性適用的緣故。正如《三十六計》中此計的正文所說：「人不自害，受害必真。假真真假，間得以行。童蒙之吉，順以巽也。」在一般情況下，人都不會自己傷害自己，人既然遭到了傷害，其與傷害者必然有真的憎恨或因此會結下新的怨仇。這其中的真真假假，別人很難作出準確的判斷，這樣，間諜之計就可得以施行。這就是《易·蒙》卦中象辭講的，幼稚無知的兒童之所以得到人們的喜愛，是由於他嫩弱、順從的緣故。間諜就要善於順著敵人的心理需求去做，這樣就會吉利。這是古今中外的人們都會想到並使用這一計謀的哲理所在。

「苦肉計」有不同的類型

但古今中外使用「苦肉計」的目的和形式卻不盡相同，其內涵和外

延也有所變化。

(1) **主體不同**。按苦肉計施行的主體分，大致可將其分成兩種：一種是個體性行為的苦肉計，即此計的遂行自始至終都由一個人承擔，這個人身體先遭到損害，再由他去詐降敵人並最後完成間諜任務，其成敗主要繫於受「苦」者一人。我們上面舉的例子基本都屬於這一種。還有一種是群體性的苦肉計行為，即遂行此計的全過程不是由一個人完成，而是由兩個以上的人承擔。如戰國時，燕太子丹派荊軻刺秦王，為騙取秦王的信任，不是荊軻傷害自己的身體，而是讓秦國的仇人、當時避難於燕國的樊於期自殺，荊軻帶著他的頭顱去見秦王，這種肉體之苦不在荊軻而在樊於期，心理之苦則主要在燕太子丹，亦不在荊軻。這是由兩人以上完成的苦肉計。

(2) **目的不同**。按苦肉計施行的目的分，也多種多樣。如上所言，有的是為了謀殺仇人，有的是為了獲取情報，有的是為了攫取敵方的土地、人民和財富，還有的是為了給某種軍事行動製造藉口等。如一九三一年九月十八日，日本駐關東軍自己炸毀了南滿鐵路柳條溝地區橋樑一段，然後誣衊是中國軍隊所為，為其侵略中國製造藉口，這就是震驚中外的「九一八」事變。類似事件在中外歷史上並不少見。

(3) **「陽苦肉計」**。還有一種苦肉計，是用自己的血肉之軀喚醒民眾，富國強兵，共禦外侮。這是一種「大苦肉計」、「陽苦肉計」，與一般苦肉計的陰謀性、短期性截然不同。如清末推行變法維新的譚嗣同說：「各國變法，無不從流血而成，今日中國未聞有變法而流血者，此國之所以不昌也。有之，請自嗣同始。」他最終實踐了自己的這

譚嗣同像

一誓言。在臨刑時他又慷慨陳詞，大意是說，為了救國，我願灑了我的血，以喚醒千百人站起來繼續進行維新事業。真正做到了「我自橫刀向天笑，去留肝膽兩崑崙」。這種「苦肉計」出於民族大義，用心良苦，勇於犧牲，其行也光照日月，是會被千古傳頌的。

推而廣之，凡是為了達成某種戰略目的而甘願作出犧牲的行為，都與「苦肉計」的原理相通。古人所說的「丟卒保車」、「丟車保帥」、「斷腕存身」、「捨不得孩子套不住狼」、「以害為利」、「哀兵取勝」等，都具有這種性質。

【按】間者，使敵人相疑也。反間者，因敵人之疑，而實其疑也。苦肉計者，蓋假作自間以間人也。凡遣與己有隙者以誘敵人，約為響應，或約為共力者，皆苦肉計之類也。

【按語今譯】離間，就是使敵人內部相互猜忌。反間，就是針對敵人內部互相猜疑，而設法使其懷疑得到證實。苦肉計，一般都是裝作自己內部有矛盾，而以此去離間對方。大凡派遣一向與自己有矛盾的人去引誘敵人，約定作內應，或者約定合作的，都屬於苦肉計一類。

第三十五計
連環計

　　將多兵衆，不可以敵，使其自累，以殺其勢。在師中吉，承天寵也。

　　敵方兵多將廣，不能和他硬拼，要設法使敵人自己束縛自己的手腳，以減殺他的戰鬥力。這就是《易‧師》卦所說的：軍隊要想取勝，就必須善於順應時勢，巧妙地利用客觀條件。

「連環計」是陷敵於被動挨打的組合性謀略

「連環計」的主要特徵是環環相扣

「連環計」之名應取之於元人無名氏所作雜劇《錦雲堂美女連環記》，簡稱《連環記》，內容是寫東漢末年董卓在朝中弄權，司徒王允為除掉董卓，就利用美女貂蟬離間呂布與董卓的關係，從而借呂布之

貂蟬像

手殺死了董卓。據史書記載，呂布確曾拜董卓為父，又與董卓的婢女私通，因此心裏很不踏實。王允也確實暗中結納呂布，讓他乘機刺殺董卓，呂布也照著王允的安排做了，因此他被封為奮武將軍，進爵溫侯。貂蟬之名雖不見於正史，但其故事卻在民間早有流傳。元人正是在此基礎上才創作成雜劇《連環記》的。明代的王濟又作有傳奇劇《連環計》，其中人物和故事的內容與元代的《連環記》基本相同，只是情節更加複雜離奇。《三國演義》第八回有「王司徒巧使連環計」之名，將前人流傳的這一故事情節用小說的手法寫入其中，並成為該書中最為精彩的內容之一。由於這個故事戲劇性很強，所以許多劇種至今還保留有這一內容的劇目。

這裏順便一提的是，「貂」和「蟬」原是漢代官員帽子上的裝飾物，後成為達官貴人的代稱。陸游《草堂拜少陵遺像》詩云：「長安貂蟬多，死去誰復還？」這裏的「貂蟬」即指達官貴人。後人用「貂蟬」

命名那位為殺死董卓立了功的婢女，應是為了表達對她的褒揚之情。

《三國演義》除第八回外，該書第四十七回還有「龐統巧授連環計」的回目，此回說，在赤壁大戰前夕，周瑜透過「倒楣鬼」蔣幹的關係，派隱居在東吳的謀士龐統到曹操處獻計，建議他把所有戰船都用鐵索連結在一起，以解決曹軍中將士不習水性的問題。曹操中計，照著他的話做了，致使在東吳詐降的黃蓋用火焚燒曹軍戰船時，其戰船都像一根繩上拴的許多螞蚱，哪一隻也無法逃脫，因此全被燒毀。從有關史料看，赤壁之戰前，曹軍確曾採取了使船艦首尾相接的辦法。但此法是否為龐統所獻，卻並無實據，更未見與蔣幹有任何關係。

從《三國演義》所寫的這兩則「連環計」故事看，連環計應包括兩方面的內容：一是使敵人自己束縛自己，以減殺它的威勢；二是兩計或多計環環相扣，不斷打擊、削弱敵人的力量，彷彿現代拳擊中的「組合拳」，一拳緊接一拳，從而戰勝對手。《三十六計》中此計的正文說：「將多兵眾，不可以敵，使其自累，以殺其勢。在師中吉，承天寵也。」其中「使其自累，以殺其勢」，也應包括這兩種辦法。實際上任何一項重大的軍事行動，都不可能只採取孤零零的一條計策，也不可能一蹴而就，都必然是多個方案、多項步驟、多個行動互相配合，這些計策，既有空間上的聯動關係，又有時間上的環環相扣。猶如高明的棋手，既要考慮到棋盤上各子之間複雜的橫向互動關係，又要每走一步預想到三步、四步甚至五步的縱向應對策略，這其中都包括「使其自累，以殺其勢」的考慮。「在師中吉，承天寵也」則是取之《易·師》卦中的象辭，意思是說，軍隊要取得勝利，就必須善於順應時勢，巧妙利用有利的客觀條件而不可錯過。

經過以上分析，我們可以得出這樣的結論：連環計是運用系統思維制定的致敵於被動的、環環相扣的組合性謀略。

「連環計」在戰略層次上的運用

《三國演義》所講的兩個使用連環計的例子，一個用於內部政治鬥爭，一個則屬戰役戰術層次上的運用。因《三十六計》注重對計謀的哲理闡發，所以這一計謀的原理在戰略層次也常被應用。

(1) **秦統一中國的「連環計」**。秦統一中國的戰略，最初是商鞅向秦孝公提出來的，這一戰略大體分三步，每一步都是環環相扣，不可缺離的。第一步是「據河山之固」，即攻佔當時屬於魏國的黃河與崤山天險。只有如此，秦才能得地形之利，在戰略上處於進可以攻、退可以守的主動地位。從後來山東六國五次聯合攻秦，都被阻於函谷關看，這一步是非常重要的。第二步是「東向以制諸侯」，即逐步削弱、控制關東各諸侯國，為統一中國奠定基礎。從當時的形勢看，諸侯國的力量還相當強大，到秦惠文王時，諸侯之地還「五倍於秦」，諸侯之卒「十倍於秦」。一旦它們真正聯合起來共同抗秦，秦自保怕都不能，更談不上成「帝王之業」了。秦在這一戰略步驟中，採取了張儀的「連橫」和范雎的「遠交近攻」方略，並由張儀時的蠶食漸進到魏冉時的集兵重創，再到呂不韋時的「斷縱親之腰」，從而形成了秦為刀俎、關東諸侯為魚肉的戰略態勢。第三步是成「帝王之業」，即對諸侯國由蠶食重創改為鯨吞急滅，變逐個削弱為逐個消滅，以風掃殘雲之勢，橫掃六國，從而在中國建立起第一個統一的中央集權的封建國家。這三步缺了哪一步，秦都達不到預期的戰略目的。

(2) **劉秀統一天下的「連環計」**。劉秀在控制關中之後，西部有稱帝於成都的公孫述，盤踞隴西的隗囂和割佔河西的竇融等幾股強大的勢力。劉秀決定先消滅關東幾股較小的勢力，然後再用兵西部。在用兵關東時，為防止西部割據勢力乘虛而入，他決定對西部採取聯隴制蜀的策略，即聯絡隴西的隗囂，牽制成都的公孫述，使他們兩家互相羈絆，都

無力西顧，自己得以專力東出。由於這一策略的成功運用，劉秀較順利地消滅了關東各割據勢力，其中包括逼降了堵鄉（今河南方城）的董訴，擊殺了育陽（今河南新野北）的鄧奉，降服了黎丘（在今湖北宜城西北）的秦豐，收復了漁陽（治所在今北京密雲西），消滅了東海郡（治所在今山東郯城北）的董憲、青州（治所在今山東臨淄北）的張步和舒縣（治所在今安徽廬江西南）的李憲等。

解決了關東諸敵之後，劉秀把戰略重點轉向西部，他統一西部的戰略是先拉攏竇融，降服河西，而後先隴後蜀，逐一消滅。竇融原是漢室的外戚，有歸順劉秀之意，劉秀就封他為涼州牧，讓他在戰略上對隴西的隗囂形成鉗制，並收買了隗囂部下大將馬援，利用馬援對隗囂內部進行瓦解。經過四年的戰爭，劉秀終於消滅了隗囂父子（後來是他的兒子隗純）這股西部強大的割據勢力；然後專力對付成都的公孫述這一孤立之敵，經過艱難奮戰，最終完成了統一中國的大業。從劉秀統一中國的戰略運籌看，他所採取的先東後西、先隴後蜀、分化瓦解、各個擊滅的策略，無疑都體現了步步相連、環環相扣的系統運籌的特點。

關鍵「環」決定著戰略「連環計」的成敗

戰略上的連環計是由許多方案、許多步驟組成的系統方略，方案在實施之前可以選擇；一旦確定之後，其中的每一步驟都是環環相扣，哪一步出了問題，都可能影響到全局的勝負，特別是那些關鍵環節，一旦失誤，就會造成全盤皆輸。所以有些連環計並不一定就都能取得成功。德國威廉二世征服世界的戰略，日本《田中奏摺》中提出的征服中國的戰略，每一步驟都具有環環相扣的特點，可謂十分嚴密。但它們要達到的目的和後來的行為都是非正義的，所以到頭來，都各自以失敗而告終。

(1) **威廉二世「連環計」的失敗**。威廉二世（一八五九──一九四一）

在其《德皇雄圖祕著》（又稱《朕之作戰》）中提出征服世界的戰略構想是：首先征服歐洲，其步驟是：第一步征服法國，為此，先收買英國以離間英法同盟；第二步打敗英國；第三步，吞併奧、匈、荷、波蘭等國；第四步征服俄國。在此基礎上征服整個世界。為此他提出了三套方案：一是與美國締結軍事同盟，德、美聯合打敗日本海軍；二是如此案不行，就拉攏俄國，使之與日本開戰，事後德、俄瓜分日本；三是如以上兩案都不行，就組織德、日、美三角同盟，瓜分世界。這一戰略構想是其挑起第一次世界大戰的指導理論，由於這一戰略構想從根本上是逆歷史發展方向而動的，是戰爭瘋子的癡心妄想，所以，雖經精心編織，但最終還是遭到了失敗。

(2) **《田中奏摺》「連環計」的失敗**。《田中奏摺》是日本首相田中義一於一九二七年七月二十五日向日本天皇上奏的關於征服世界戰略的奏摺。此摺貫徹「明治天皇遺策」中提到的侵略中國的三個步驟：先征服臺灣；再吞併朝鮮；後征服滿蒙及中國。奏摺在此基礎上又提出：在中國的吉林和蒙古再次與蘇聯決一雌雄；同時提出「遲早須與美國一戰」。奏摺為此提出了戰場準備、兵力部署和作戰保障等方面的多項具體建議。從後來日本於一九三一年發動的「九一八」事變侵佔中國東北三省，到一九三七年發動全面侵華戰爭，再到一九四一年偷襲珍珠港發動太平洋戰爭等事件看，當時的日本軍國主義者們基本上是按照「奏摺」的構想行事的。他們對侵略擴張的每一戰役，也都進行了精心的策劃，如襲擊珍珠港，每一步都是經過密謀策劃的，各步密切聯繫，環環相扣，並取得了成功。但日本軍國主義侵略擴張的反動本質及其戰略指導上的錯誤，使之最終走向了失敗。

縱向連環與橫向連環

從古今中外使用連環計的情況看，此計大致有縱向性連環與橫向性

連環之分。

縱向性連環計是從時間上按先後順序講的，中計人中了對方的第一個連環套，就再難以脫身，必然還要中對方第二、第三個連環套。俗話說「上了賊船，身不由己」，即是指此。比如敵方要你為他提供情報，就設下釣餌，這種釣餌可能是金錢，也可能是美人，你一旦吞食，就會為人所制，甚至越陷越深，不能自拔。對付這種連環計的辦法，可用《水滸》上武松的一句話，叫做「籬笆紮得緊，野狗鑽不進」。

要破敵人的這種連環計，必須把住「第一回」。還有的國家在出賣武器裝備時，故意留幾手，比如限制配件供應，提高價格或提出別的要求。另一方一旦購買了這個國家的大型武器裝備，此後為了再買到必需的配件，就必須忍痛「挨宰」，或在其他方面作出犧牲；否則，對方一旦「變臉」，停止配件供應，以前買的武器裝備就都成了廢鐵。我們在這方面是有歷史教訓的。

橫向性的連環計是從空間上講的，即多個連環之計同時發揮作用，這就是我們常說的「一箭雙鵰」、「一石二鳥」、「一舉數得」等。

當然，古今中外大量的連環計還是橫向連環與縱向連環結合在一起的。世界上很少只是橫向或只是縱向的連環計。制定連環計者，或要識破連環計者，對此必須要有清醒的認識。

最後需要說明的是，連環計未必就是「敗戰計」。無論是處於劣勢還是優勢，抑或是均勢，都可根據實際情況使用此計，大可不必受《三十六計》整理者分類的束縛。

【按】龐統使曹操戰艦勾連，而後縱火焚之，使不得脫。則連環計者，其法在使敵自累，而後圖之。蓋一計累敵，一計攻敵，兩計扣用，以摧強勢也。如宋畢再遇，嘗引敵與戰，且前且卻，至於數四，視日已晚，乃以香料煮黑豆，布地上，復前搏戰，佯敗走。敵乘勝追逐，其馬

已饑，聞豆香，就食，鞭之不前。遇率師反攻之，遂大勝。皆連環之計也。

【按語今譯】赤壁大戰前，龐統建言曹操把大小戰艦都用鐵鏈連起來，而後再讓吳軍縱火焚燒，致使曹軍艦船無法逃脫厄運。可見，連環計就在於使敵人自己束縛自己的手腳，然後再設法消滅它。一般地說，連環計是用一計束縛敵人手腳，再用另一計進攻它，兩計環環相扣，用以摧毀強大的敵人。如南宋的畢再遇，曾引誘敵人和他交戰。他一會兒前進，一會兒後退，這樣反覆了多次。他看到天色已晚，就把用香料煮好的黑豆撒在陣地上，再去與敵人戰鬥，然後假裝敗退。敵人乘勝追擊，他們的馬匹已經饑餓難耐，聞到豆子香味後，就都去爭吃地上的豆子，敵人用鞭子抽打它們也沒有用。畢再遇便乘機率領部隊反擊，終獲大勝。這都屬於連環計之類的策略。

第三十六計
走為上

全師避敵。左次無咎，未失常也。

在不利的情勢下，應爲保全軍隊而避開敵人。正如《易・師》卦所說的，有計劃有秩序的退卻，是沒有錯誤和凶險的，因爲它沒有丟失應有的東西。

「走為上」是關於軍事退卻的指揮藝術

「走為上」的目的是「全師避敵」

「三十六計，走為上」，是一句很通俗又很經典的話。《南齊書》以及《南史》中的《王敬則傳》中即有此話，原文是「檀公三十六策，走是上計」。「檀公」是指南北朝時宋朝名將檀道濟（？—四三六）。這說明，那時就很可能有一本名叫「三十六策」的兵書，且書中確有「走為上」這一計策。但現在流傳的《三十六計》中的按語和跋

檀道濟像

肯定是宋以後的人寫的；至於原文與「三十六策」有無關係，「三十六策」與檀道濟是何關係，還須作進一步的考察。

「走為上」的「走」和我們現在說的「走」含義不同。古人所說的「走」相當於我們現在說的「跑」。東漢劉熙撰《釋名·釋姿容》中說：「徐行（慢走）曰步，疾行（快走）曰趨，疾趨（快跑）曰走。」古代軍事學中的「走」一般指「逃跑」，如《孫子兵法·地形篇》：「以一擊十，曰走。」《孟子·梁惠王上》：「棄甲曳兵而走。」這裏的「走」都是指「逃跑」。《三十六計》中「走為上」的「走」也是指逃跑，用現代軍事術語表述，也可以叫「退卻」。這種退卻既包括戰役戰術上的，也包括戰略上的，此計正文中說：「全師避敵，左次無咎，未失常也。」意思是說，在不利形勢下，應為保全自己軍隊而避開敵人。正如《易·師》卦象辭中所說，有計劃、有秩序的退卻，沒有失去常態的退

卻，是沒有錯誤和凶險的。可見，這裏的「走」包含著不同層次的退卻。

退卻是一種通常處於劣勢條件下保全自己以求東山再起、伺機反攻的軍事指揮藝術。這種指揮藝術的重要性和難度絕不低於進攻和防守，甚至有過之而無不及。因為退卻方一般都處於不利的環境，如傷亡嚴重，保障困難，士氣低落，內部極度瘓散等；而敵人則處於優勢地位，可乘勢用威，比較容易把對手吃掉。在這種情況下，退卻方的決策者能否利用矛盾，欺騙敵人，團結內部，鼓舞士氣，制定出擺脫困境的策略，變被動為主動，直接關係著自身的生死存亡。所以，這才是最困難的。宋朝張儗《棋經‧合戰》中說：「善戰者不敗，善敗者不亂。」古今中外，常勝不敗的「善戰者」是沒有的，「善敗者不亂」，不使自己的隊伍在不利的形勢下出現混亂，以至一發不可收拾，而是能穩住敗局，保存實力，以利再戰，這才是優秀指揮者應有的本領。而擺脫這種困境的唯一良方就是善「走」，因為硬拼或投降都會給自己造成重大損失，甚至被消滅。

善「走」是弱者保存自己求得發展的上策

這從中國歷史上一些農民起義軍在起義初期所採取的共同方略中即可看出。他們當時一般都處於敵強我弱的態勢，聰明的農民軍領袖大都採取以「走」制敵的方略，以求得生存和壯大。

(1) **黃巢流動作戰**。唐末黃巢領導的農民起義軍初期在山東一帶屢屢受挫，後來決定避開強敵，向唐朝軍事力量比較薄弱的南方發展，由此開始了大規模的流動作戰。為欺騙敵人，黃巢聲言要進攻洛陽，迫使唐朝廷向洛陽調兵，他卻率起義軍乘虛渡過長江，進入今江西、浙江地區。為了避開敵人的追擊，起義軍從衢州（今屬浙江）開山路七百里，出敵不意地到達建州（治今福建建甌），不久，又攻佔福州和廣州。在

經過短暫休整後，黃巢決定揮師北伐，其打法仍舊是好打則打，不好打則走。如，起義軍沿湘江北上，一舉攻破潭州（治所在今湖南長沙），消滅唐軍十餘萬；但在荊門(今屬湖南)卻遭到唐軍的伏擊，造成重大傷亡。於是黃巢決定撤出戰鬥，改變進

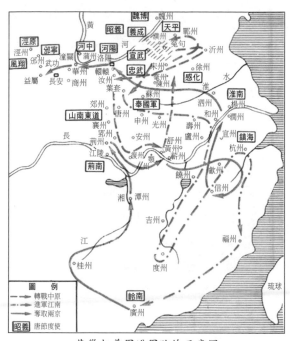

黃巢起義軍進軍路線示意圖

軍路線，再入饒（今江西波陽）、信（今江西上饒）、杭（今浙江杭州）等地，起義軍人數又發展到二十萬，軍勢重新大振。由於黃巢採取了以「走」制敵，走、打結合的方略，因而較為順利地攻佔了洛陽和長安。

(2) **明末農民軍走、打結合**。明末農民起義軍在初期也基本上都採取了以「走」制敵的方略。如明崇禎十一年（一六三八年），張獻忠領導的農民軍在南陽（今屬河南）遭到官軍重創。接受了熊文燦的「招安」。羅汝才領導的起義軍在湖廣、陝西明軍的夾擊下，也接受了朝廷的「招安」。李自成則在潼關南中了明將孫傳庭的埋伏，僅率十八騎逃入雒山（在今陝西、河南、湖北交界處），收集舊部，組織力量，伺機再起。不久，清軍大舉入關，鎮壓農民軍的明軍奉命北上抵抗清軍，陝西、湖廣的明軍力量大大減弱，張獻忠、羅汝才重新起兵反明。李自成則乘機進入河南，發展壯大自己的隊伍，終於在崇禎十四年（一六四一

年）正月攻克洛陽，殺死明朝福王朱常洵。二月，李自成乘勝圍攻洛陽，因攻打不利，撤圍東走，進入了豫南豫西地區，與敵周旋，尋機於朱仙鎮大敗明軍，基本摧毀了明軍在河南的主力。李自成率領的起義軍採取走、打結合的方略，逐步變被動為主動，為奪取中原打下了基礎。

「善戰者不羞走」

三國時的曹植在《請招降江東表》中講了一句十分精譬的話，叫做「善戰者不羞走」。他的老子曹操就具有「不羞走」和「愈挫愈奮」的品格，這是他能夠成事的一個重要原因。項羽就有點「輸不起」。一打了敗仗，就覺得「無顏見江東父老」，因此自刎烏江，從此一蹶不振。中國人由於過分重視自己的尊嚴和面子，不大願意承認失敗。即使敗了，也不願意說那個「敗」字。古代有個寓言說，某人與人下棋，三盤都輸了。有人問他對弈結果如何，他回答：第一局對方贏了；第二局對方沒輸；第三局我要和，人家不幹。就不說那個「輸」字，就反映了這種心態。

中國古代一些明智之士已看到了中原民族這種過於看重「面子」的弱點，提出在這方面要向一些少數民族學習。如《史記‧匈奴列傳》稱匈奴人「利則進，不利則退，不羞遁走」；唐朝開國皇帝李淵也說突厥「敗無慚色」；唐朝大政論家陸贄在《論沿邊守備事宜狀》中將「輕生而不恥敗亡」作為「戎狄」的長處看待。現代西方人與我們中國人相比，他們也具有「戎狄」的這種特點。如美國人競選總統的失敗者可以發表失敗演說，並向勝利者祝賀；商業競爭的失敗者，不恥於到競爭對手門下去打工。他們崇拜勝不驕、敗不餒的強人，他們常說的一句口頭禪是「面子值幾個錢！」在重大國際問題的處理上，他們有一條基本原則：只要有利可圖，便毫不猶豫地把手伸向對方；如果失敗了，也可以毫不在乎地溜之大吉。越戰失敗後，美國政府也不掩蓋自己的失敗，然

後捲起鋪蓋走人。美國總統羅斯福曾經講過這樣一句話：「一個搞政治的，就得學習大象的美德：學它的記性好，學它的皮厚，自然還得學它那條長而又什麼都要嗅嗅的鼻子。」「皮厚」確實是美國一些從政者的重要特點。

古今中外的歷史都證明：只有輸得起，才可能勝得多；只有善於「走」，才可能打得贏。打仗是如此，做生意是如此，做其他任何事情都是如此。打敗了，不要學項羽；而要學劉邦，學曹操，學古今中外所有「愈挫愈奮」的英雄，能屈能伸，這才是真正的大丈夫。

【按】敵勢全勝，我不能戰，則必降、必和、必走。降則全敗，和則半敗，走則未敗。未敗者，勝之轉機也。如宋畢再遇與金人對壘，一夕拔營去，留幟於營，豫縛生羊懸之，置前二足於鼓上。羊不堪倒懸，則足擊鼓有聲。金人不覺，相持數日，始覺之，則已遠矣。可謂善走者矣。

【按語今譯】敵軍處於全勝的有利態勢，我無法戰勝敵人，就只有投降、講和或退卻三條出路。投降就是徹底失敗，求和屬於一半失敗，退卻則沒有失敗。沒有失敗，就包含著勝利的轉機。如南宋將領畢再遇與金兵對壘，有一天晚上，他拔營撤退，但把旗幟照常留在營內，並預先把一些活羊倒吊起來，把它們的兩隻前蹄放在鼓面上。羊受不了倒懸的痛苦而掙扎，兩隻前蹄便頻頻打擊鼓面，如同有人擊鼓一樣。金人因此沒有發覺宋軍撤退，在相持了好幾天後，才知道對面已是空營，但宋軍這時卻早已走遠了。畢再遇可以稱得上是善於組織退卻的了。

跋

原文

　　夫戰爭之事，其道多端。强國、練兵、選將、擇敵，戰前戰後一切施爲，皆兵道也。唯比比者，大都有一定之規，有陳列可遁。而其中變化萬端，詭譎奇譎，光怪陸離，不可捉摸者，厥爲對戰之策。《三十六計》者，對戰之策也，誠大將之要略也。間嘗論之：勝戰、攻戰、併戰之計，優勢之計也；敵戰、混戰、敗戰之計，劣勢之計也。而每套之中，皆有首尾次第。六套次序，亦可演以陰……（原文下缺）

今譯

　　有關戰爭的問題，涉及的内容很多。增强國力、訓練軍隊、選拔將領、決定戰爭對象，等等，凡戰前戰後的各種活動舉措，都屬於軍事鬥爭的内容。所有這一切，大都有一定的規則，有一定的慣例可遵循。而其中那些變化萬端、奇譎詭詐、紛紜複雜、不可捉摸的，乃是對敵作戰的對策問題。而《三十六計》論述的正是這種對敵作戰的對策，它確是高級將領必須掌握的主要謀略。我閒暇時曾對此作過一些探討，認爲「勝戰」、「攻戰」、「併戰」這三套對策，屬於優勢條件下施行的計謀；「敵戰」、「混戰」、「敗戰」這三套對策，屬於劣勢條件下使用的計謀。而每一套對策，都有其首尾和次序。六套的次序，也可以用陰陽……（原文下缺）

跋 「跋」

《三十六計》後的「跋」文殘缺，我們已難窺其全貌。但從其留存的文字看，其對《三十六計》的評論有得有失。須為讀者做些辨析。

《三十六計》「跋」文之得者，大致有兩點：一是認為「戰爭之事，其道多端。強國、練兵、選將、擇敵，戰前戰後一切施為，皆兵道也」。「跋」文作者認為，戰爭是一個龐大、複雜、艱巨的系統工程，而不是一個單純的軍事問題，必須進行多方籌措，長期準備，周密施為。其中，「強國」是戰爭勝利的基礎和前提，故放在首位；「練兵、選將、擇敵」是取得戰爭勝利的軍事因素，也是決定戰爭勝負最直接、最重要的因素，故一一列出；「戰前戰後一切施為」即戰爭準備、戰後修功，都屬於「兵道」研究的範圍。這無疑是正確的。二是認為戰爭規律是可以認識和掌握的。雖然戰爭對策「變化萬端，詭詭奇譎，光怪陸離，不可捉摸」，但「唯比比者，大都有一定之規，有陳列可循」。這種戰爭規律可知論的觀點也是值得肯定的。

但此「跋」也有兩點不足：一是認為《三十六計》只是「對戰之策」，而沒有論及《三十六計》的主要特色是揭示「對戰之策」的軍事哲理。該書所論軍事哲理是「對戰之策」之「母」，而「對戰之策」則是軍事哲理之「子」。只有掌握了「對戰之策」之「母」，才可「以一度萬」，以不變應萬變，生出無數「對戰之策」之「子」來。這是此書最有價值的地方，應是闡發者講解的重點，也是讀者應當特別關注的精要之處。捨此而只談「對戰之策」，則必如本書「總說」所言，只知「術」而不知「數」矣。

二是「跋」中關於「三十六計」的分法、說法不盡合理。有些所謂「優勢之計」，處於劣勢或均勢者也可以而且必須使用；有些所謂「劣勢之計」，處於優勢或均勢者也可以而且必須使用。比如，「連環計」被

列入「敗戰計」中，處於優勢或均勢者何嘗不可以使用？不但可以使用，而且有時必須使用。再如，「圍魏救趙」被列入「勝戰計」中，處劣勢或均勢者當然可以而且有時必須使用。孫臏「圍魏救趙」，齊軍較魏軍並不佔優勢。讀《三十六計》，要在正讀、讀正；用《三十六計》，要在活用、用活。在這點上，讀者大可不必受此「跋」之語所限也。

三十六計的智慧／于汝波著. -- 一版. -- 臺
北市：大地，2006〔民95〕
　　面：　公分. --（智慧存摺：2）

ISBN 978-986-7480-59-0（平裝）
ISBN 986-7480-59-7（平裝）

1.　兵法 - 中國　2.　謀略學

592.09　　　　　　　　　　　　95016527

三十六計的智慧

作　　者	于汝波
發 行 人	吳錫清
主　　編	陳玟玟
出 版 者	大地出版社
社　　址	114台北市內湖區內湖路二段103巷104號 1F
劃撥帳號	0019252-9（戶名　大地出版社）
電　　話	02-26277749
傳　　眞	02-26270895
E - m a i l	vastplai@ms45.hinet.net
美術設計	普林特斯資訊有限公司
印 刷 者	普林特斯資訊有限公司
一版一刷	2006年9月

智慧存摺 02

大地

定　　價：220元